THE BUMPER BOOK OF SUDOKU

VOLUME 1

www.goldpuzzles.com

© Copyright 2020 Gold Puzzles

GOLD PUZZLES

Get your **FREE** print-at-home puzzle book at

subscribe.goldpuzzles.com

www.goldpuzzles.com

How to play

The basics

Sudoku is one of the great puzzle games as it is easy to learn, yet difficult to master.

The goal of sudoku is to fill the 9×9 grid with numbers so that each column, each row, and each of the nine 3×3 sub-grids that compose the puzzle grid contain all of the numbers from 1 to 9.

Step-by-step

There are four easy steps to win at sudoku:
1. Only include the numbers 1 through 9 in each sub-grid, row, and column.
2. Don't repeat any numbers in each sub-grid (magnifying glass below), row (B below), and column (A below).
3. Don't guess!
4. Use a process of elimination to work out your next move.

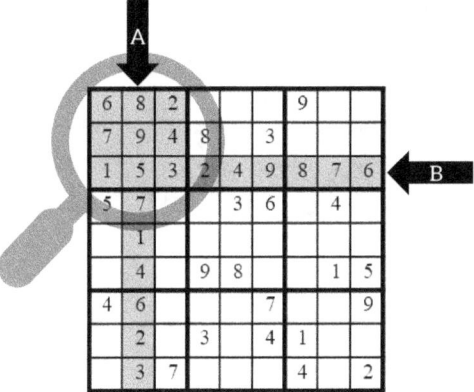

This book

This puzzle book is split into sections based on difficulty: Easy, Medium, Hard, Very Hard, and then a Bonus section with a mixture of all four difficulty levels.

You can find the answers to all the sudoku puzzles at the back of the book.

As a bonus, we have included a few different puzzle types between levels that you can try your hand at!

www.goldpuzzles.com

EASY

Puzzle 1 (Easy, difficulty rating 0.43)

			9			1	6	
7		6	2				3	8
					3		2	7
	4	5						3
	2					8		
8					7	5		
4	3		8					
6	7				5	3		9
9	5			4				

Puzzle 2 (Easy, difficulty rating 0.43)

						2		
8					6		4	
	2	7				9		6
1				8		6		9
5	8		6		7		2	1
2		3		9				4
	1		5			4	3	
	3		2					5
		8						

Puzzle 3 (Easy, difficulty rating 0.41)

			9		4			
		2	1					
5		4		8	3			7
	4		7	6			9	3
	2				8			
8	6			3	2		5	
4			8	7		1		5
				2	5			
		1		4				

Puzzle 4 (Easy, difficulty rating 0.45)

			4		8		1	
	1	2						5
4	8	7	5			3		6
1		9						7
				6				
8						1		2
7		8			1	2	9	3
6						5	7	
		9		8	2			

EASY

Puzzle 5 (Easy, difficulty rating 0.42)

4				6	5			
	2	3	9					
7				1	4			9
	1	4	7	6				
	3					6		
			8	2	1	4		
6			5	3				2
					8	5	3	
	9	5						7

Puzzle 6 (Easy, difficulty rating 0.43)

8	4			6	3			
6				1				8
							6	3
2		7			9	5		1
3								7
4		5	7			8		9
7	8							
1				9				2
		2	5				1	6

Puzzle 7 (Easy, difficulty rating 0.38)

7	2	1			5	3		
				7	1			9
			6			8		7
	7	2						
9			3		6			4
						6	8	
2		4			7			
8			4	3				
	6	7				3	4	1

Puzzle 8 (Easy, difficulty rating 0.45)

		2				4		
			1		8			2
	9			6		3	1	
				9	5		8	
9	5	3				7	4	1
	7		4	3				
	1	7		2			3	
8			3		7			
		5				2		

EASY

Puzzle 9 (Easy, difficulty rating 0.37)

	5				2	8	3	
3	7			2				
		9			5		4	
8			6	3		7		
			9	5	4			
		1		2	7			4
	2		5			8		
			2				7	1
7	8	5				3		

Puzzle 10 (Easy, difficulty rating 0.43)

						2		9
4	1		2					
5				6	9		1	4
		6		5	3	9		
		3				4		
		1	6	2		5		
3	2		1	8				6
					2		5	3
8		5						

Puzzle 11 (Easy, difficulty rating 0.37)

6								4
		9	7	2	8			
		5	6	1			3	8
8	9	4			3			
				7				
		3				6	1	9
4	3			6	7	5		
			5	8	3	4		
2								3

Puzzle 12 (Easy, difficulty rating 0.43)

	7				5	3		4
	5							6
	4	1		6			9	7
3			7					
		7	3	9	6	1		
					1			3
	3	8		5		6	9	
1							3	
7		4	1				2	

EASY

Puzzle 13 (Easy, difficulty rating 0.41)

1		5					7	
			5	7	1		8	
	9	7				2		
			2	3		4		9
			7		8			
	4	8		1	6			
		1				3	2	
	7		3	6	2			
	3					5		6

Puzzle 14 (Easy, difficulty rating 0.42)

					3	2	8	9
						7	2	
								5
6							7	
				1		3		7
9	7	2					3	5	1
1				7		9		
	3							4
2		1	4					
	8	9	3	6				

Puzzle 15 (Easy, difficulty rating 0.38)

			8		9	5		
1			7					
		8	3				1	
9		3		2	8			5
		1	4		6	3		
4			7	9		6		1
	1				9	8		
				1				2
	7	5		6				

Puzzle 16 (Easy, difficulty rating 0.41)

	7		9	3	6	2		
	1		2	5		3		
							4	
5			7	8		9		
	8						5	
		7		4	1			8
	4							
		3		6	2		9	
		2	1	9	8		3	

EASY

Puzzle 17 (Easy, difficulty rating 0.42)

7						1	4	
4	6		9		2			5
8		1		6				
		2		4			1	
		5				9		
	1			9		8		
				8		5		1
1			2		6		7	9
	3	6						8

Puzzle 18 (Easy, difficulty rating 0.43)

		3				4	5	
					3	2		9
	5	9		8	7			
8		2	9					5
		1				3		
5					6	9		1
		2	9			1	7	
9		8	7					
	1	6				8		

Puzzle 19 (Easy, difficulty rating 0.32)

		8			7		2	6
	5		6	8	3	9		
	1		4					
	6	5				2		
			3	7	9			
		3				4	8	
					4		3	
		1	7	5	6		4	
9	8		2			7		

Puzzle 20 (Easy, difficulty rating 0.44)

	9	8		1	3			
	6	7					9	5
2								8
4		5			6	8		
			4		2			
		9	5			3		4
9								3
7	1					5	8	
			2	8		9	4	

EASY

Puzzle 21 (Easy, difficulty rating 0.42)

	4	8	7					2
			4	8			5	
	9		1	3		7		
			6			5	7	
		5			8			
	6	7			4			
		6		7	5		3	
	7			4	3			
3					1	4	8	

Puzzle 22 (Easy, difficulty rating 0.40)

	1			6	9			4
5				7				3
	6					1		7
	5	9		2	3	7		
			6	1	9		5	4
	2		6				5	
6				1				2
1			7	4			9	

Puzzle 23 (Easy, difficulty rating 0.39)

1		9	4		8	2		
	4				5			
				1		6	3	
4		5		2	6			
3								5
			5	9		7		2
	5	8		3				
			7				9	
		3	6		4	8		1

Puzzle 24 (Easy, difficulty rating 0.33)

		2	3					
7		8	2				4	
3		1			8		5	
		1						3
5	8		4		7		2	1
6							8	
	2		6			1		8
	9				1	4		5
					5	6		

EASY

Puzzle 25 (Easy, difficulty rating 0.33)

		7		6				
				8		4	7	2
2	3	1		5	4			
3								8
		6	9	2	8	5		
9								7
			3	1		9	5	4
5	2	9		4				
				9		2		

Puzzle 26 (Easy, difficulty rating 0.38)

		8				9		5
1		2					9	
		3		6			7	4
		5	3	4				2
				9		3		
4						8	7	1
2	1					7		8
				8			5		6
		6		8			3	

Puzzle 27 (Easy, difficulty rating 0.32)

			6			2		4
3	6	4						9
		1	9			6	8	
		6			3			7
	5			9			4	
7			1			5		
	7	3			5	9		
4						7	2	6
9		2			7			

Puzzle 28 (Easy, difficulty rating 0.31)

		4		5	3			
				2	7		6		1
					1		3	4
8	5	1						7
	6						5	
7							4	9	8
6	2		1					
4		9			2	6		
					9	3		2	

EASY

Puzzle 29 (Easy, difficulty rating 0.43)

		7				9		
	1					3	8	
	2	9		3	6			
9	8			1	5		4	
			9		2			
	7		4	6			9	8
			1	9		5	6	
	9	5						3
		4				1		

Puzzle 30 (Easy, difficulty rating 0.40)

	9		1					
	3							7
5		8	9		4		3	2
8					5	7		1
				5		1		3
1			6	9				8
6	2		8		5	7		3
7							5	
						9	4	

Puzzle 31 (Easy, difficulty rating 0.41)

	4		1	6			2	
	2			7		8		6
		3				7		
		9	7		4			
	5		6		8		1	
				9		2	4	
		8				1		
3		6		9			5	
	1			2	7			8

Puzzle 32 (Easy, difficulty rating 0.36)

	8			1	3			
	2							7
1			6	5	7		2	3
				1				8
	4	2		9		1	3	
6						7		
4	1		5	8	2			6
5							4	
			9	6			8	

EASY

Puzzle 33 (Easy, difficulty rating 0.34)

5			4	6				
		8		9			4	
			1		3	6		
8	7					1	5	6
2								8
3	4	6					2	7
		3	7		5			
	6			4		7		
				3	8			1

Puzzle 34 (Easy, difficulty rating 0.43)

3	4			5	9			
	9			4	2			
	7	1					9	
6	8			3		4		
7								9
		3		2			5	7
	5					8	1	
			5	7			4	
			4	8			3	5

Puzzle 35 (Easy, difficulty rating 0.43)

		5	1	2	9			4
	2					6		
		4	6					
	3	9	5				2	
		7	4	3	6	1		
	1				7	3	4	
					1	2		
		8					3	
9			3	8	5	4		

Puzzle 36 (Easy, difficulty rating 0.36)

8				6			7	1
				4		5	3	
2	1				3			
		3	5				1	9
		2				7		
9	5				1	6		
			6				8	2
	6	1		5				
4	2			1				6

EASY

Puzzle 37 (Easy, difficulty rating 0.45)

		1	6				4	5
6	1				2			9
		4				2		
5	4			7			8	
		9				4		
	3			4			9	6
		1				7		
8		9					3	2
2	6			8	7			

Puzzle 38 (Easy, difficulty rating 0.31)

		2	7	8			5	
		6		1	9			
9		7						
	9	8	2		3			1
	4						2	
7			1		4	6	9	
						9		2
			9	3		7		
	8			6	7	4		

Puzzle 39 (Easy, difficulty rating 0.36)

6			8				1	
9	1	2	4		5	8		
					6	3		
		7				6	5	
		6		9		7		
	2	8			1			
		5	9					
		4	5		3	2	8	9
	6				2			3

Puzzle 40 (Easy, difficulty rating 0.38)

7	4			8				
					1		4	
9					4		2	7
		8	9	1		3		4
			4		6		8	
6			8		2	7	9	
1	5		9					2
	3		4					
				2			3	1

EASY

Puzzle 41 (Easy, difficulty rating 0.39)

4				5	7			
9				1		5		
	6	7	3	4				
		5			7		9	
6	1					3		7
	9		1			2		
				5	9	6	4	
		6		3				1
		9	6					8

Puzzle 42 (Easy, difficulty rating 0.28)

	1			5	3		6	4
5					2		9	1
			7		6			
					9	4		8
		7		3		1		
8		6	2					
			3		4			
3	5		1					9
2	7		8	9			1	

Puzzle 43 (Easy, difficulty rating 0.43)

6					7	8	4	
				3		1		
		4		1			9	3
	5		3	6	7		2	
	9		1	4	2		6	
1	4			9		6		
	2		7					
5	3	9						2

Puzzle 44 (Easy, difficulty rating 0.43)

2						9		
4		3	7		5			8
				2	3	4		
		2	3			1		
		8	9			2	6	
		5				8	7	
		4	2	8				
5			1		7	3		4
		6						9

EASY

Puzzle 45 (Easy, difficulty rating 0.39)

				2	9	3		
		3		9	6			
9		7			4	1	6	
			7			6	8	
4								2
	5	9			8			
	6	4	1			7		9
			4	5		3		
3	7	1						

Puzzle 46 (Easy, difficulty rating 0.44)

	8			7	6			
9	5		1				4	
6		7	2			3		
2		5					7	
		1		4		2		
	3					9		6
		6			9	8		4
	1			3			9	5
			8	5			6	

Puzzle 47 (Easy, difficulty rating 0.44)

5	2		3					
3	4	8						2
			4		2	8		
		2			6	4		
9	1			8			3	7
		3	2			9		
		7	8		3			
2					3	1		9
				9		8	4	

Puzzle 48 (Easy, difficulty rating 0.42)

	3	5				7	2	
	6		8				4	3
				6		5		9
			8	9				
1		7					8	6
						8	1	
	8		3		2			
4	5				9		3	
		1	5				9	8

BONUS: WORDSEARCH

```
H X D L S Z J V A W O Y R N D H G N S Q
L L I M S X Y Z P B A N K B R T R D Q Z
S Y W U A P T J R J U D W B B W P T Q S
U A J F Y W A O Q W J Q D X D T O Y S M
O O M D D P H G H W R I Z U E O A L H V
Y J T X Y Z A D N I T Q G C R D N O A H
A E O Q L B R Y Q Z J G Q B F P S K D C
U O S R P M E D A C Z M Q Q O E L M E D
V W E N H V A G Y Q U N L C D Y L E I Y
P W Q L R L L Q I C M A J F V U B F O B
U V X H H X I K R W I M R U F Q W I S L
G P O W S E S L A C C E P T A B L E N E
F I P O S S E S S I V E H U H G P V T I
W B J C G A H Y F O T G U R C R E R F D
I X O M Q S J P H K U J D I B O I D P W
B B P E T V Z P E O F H P S S A I L O Q
Y J I I J M A F Y H A L E R T R G H N L S
E S T S X X G T K B S S N I Z X S J I D
S S J E A B K G B Z Q B I C K N O T T Y
F K V I M P D F W H I B F O G Q V J E O
```

Words

ACCEPTABLE
ALERT
DONKEY
FUTURISTIC
HOVER
KNOTTY
POLITE
POSSESSIVE
REALISE
ROOT
SAIL
SHADE
SNOW
THOUGHTFUL
THRILL

MEDIUM

Puzzle 1 (Medium, difficulty rating 0.45)

9		4			7			1
		8	6				2	
				5	9	8		4
	6			2		7		
	9				8			
	5		1				4	
4	9	2	7					
	8				4	6		
7			8			4		2

Puzzle 2 (Medium, difficulty rating 0.53)

					4	6		7
2	3			6	9			
			9					4
	4		6				9	1
			3	4		2	7	
	8	6				1		3
	1					5		
			1	2			7	3
3		8	5					

Puzzle 3 (Medium, difficulty rating 0.48)

5		8			1		6	
				3				
	1				9	2		
3	8	1		9			7	
9			4		2			1
	6			8		3	9	5
	9	3				6		
			1					
8		6			7			4

Puzzle 4 (Medium, difficulty rating 0.47)

					3	8		
7		6					3	9
		1		2	5			
5				1	8		4	7
		8				1		
4	1		6	9				8
			8	7		4		
8	3						9	2
			2	5				

MEDIUM

Puzzle 5 (Medium, difficulty rating 0.57)

					6			9
6	3			5				1
2		8	1	4		3		7
	6				8			
7								4
		2					9	
9		6		3	8	1		5
5			9				3	8
1			7					

Puzzle 6 (Medium, difficulty rating 0.48)

1		9	7			6		8
					1	9		2
			5			8	3	
2		7						1
	9						4	
4						8		5
		6	8			1		
5			9	2				
8		2			3	5		6

Puzzle 7 (Medium, difficulty rating 0.50)

9			5		8		6	
5					2		1	
		1		7				
		8		6		3		
6	9	5		2		1	8	4
		3		8		5		
				9			4	
	8		6					3
	6		8		7			1

Puzzle 8 (Medium, difficulty rating 0.47)

					6		7	
		6	2	1		3	8	
				7			6	4
6	2			8	9			5
9			5	6			1	3
3	6				4			
	7	8			9	1	4	
	5		6					

MEDIUM

Puzzle 9 (Medium, difficulty rating 0.60)

1	2		3				7	
				4			3	
		8	1					9
		3		8				2
2	9	3	6	1		8		5
4			7		9			
9			7		5			
	7		5					
	5		4			2		7

Puzzle 10 (Medium, difficulty rating 0.53)

		3						
6	1	4		7			9	
			2	6		5		4
7					9			6
5		8				1		9
1			6					2
4		5			8	7		
		9			2		8	4	7
						9		

Puzzle 11 (Medium, difficulty rating 0.48)

1		9	4		6			
9	2		8	1				4
		6			3			
	5	3						
6		1		7		2		9
						8	5	
			1		3			
4				3	2		9	5
		2		5	9			7

Puzzle 12 (Medium, difficulty rating 0.56)

9						1		6
		5			2	1		4
		1		9	3		7	5
3			4	2				
				1				
				9	5			7
8	2		1		6		4	
7		1	2			3		
	4		8					1

MEDIUM

Puzzle 13 (Medium, difficulty rating 0.55)

		1	4					
	4					8	3	
2				7	3	9	1	
			1			4	9	2
		4		5		6		
8	2	6			9			
	7	3	6	8				5
	1	8					6	
					4	7		

Puzzle 14 (Medium, difficulty rating 0.50)

		4				5		8
			6		1	7		2
		7	4				1	
			2	7	8			3
		8		4		6		
3			1	6	5			
	4				6	3		
7		1	5		2			
9		6					8	

Puzzle 15 (Medium, difficulty rating 0.58)

7				4		2	8	
		8	2	9	1			7
				7		5		
	1							4
	4		8		7		9	
2							5	
		2		1				
4			7	6	5	9		
6	7		9					3

Puzzle 16 (Medium, difficulty rating 0.47)

	7		2				4	
1							8	
8		2			3			7
9		4					1	
3	6		8	5	1		2	9
	1					7		8
7				6			5	4
	9							6
	5				2		7	

MEDIUM

Puzzle 17 (Medium, difficulty rating 0.56)

	7		8					4
8		5			6			3
6	4	9						2
			4	9	3			
		6				7		
		8	2	6				
7						6	4	8
2			6			5		1
9				1		2		

Puzzle 18 (Medium, difficulty rating 0.47)

9				1	6		4	3
	4		3					
				4	2		6	5
						3		
4		2	5			9	7	6
		7						
5	1		8	2				
					5		9	
6	2		1	9				4

Puzzle 19 (Medium, difficulty rating 0.52)

	9	4				7		5
1			3	2	6		8	
			7					
5	8	1	2					6
3				7	2	8		9
			2					
6		9	7	4				1
4	1				8	2		

Puzzle 20 (Medium, difficulty rating 0.53)

3	8		6	7			4	
				4				6
			2	8	5			1
		6					5	8
	1						2	
8	3					7		
1			7	5	9			
4			1					
	2			6	3		9	5

MEDIUM

Puzzle 21 (Medium, difficulty rating 0.51)

```
5 . . | . 8 9 | 1 6 .
1 9 . | . . . | . . .
. . . | 5 . . | . 9 .
------+-------+------
. . . | 7 2 8 | . . 9
7 6 . | . . . | . 2 1
9 . . | 1 3 6 | . . .
------+-------+------
. 2 . | . . 7 | . . .
. . . | . . . | . 1 7
. 3 7 | 8 9 . | . . 4
```

Puzzle 22 (Medium, difficulty rating 0.51)

```
. 2 . | 4 . . | . . .
. . . | 5 9 8 | 3 1 4
. . . | . . 5 | . 6 2
------+-------+------
. . . | . 2 . | . 8 7
9 . . | . 2 . | . . 6
7 3 . | . . . | . 2 .
------+-------+------
1 8 . | . . . | 3 . .
5 9 4 | . . . | 7 8 2
. . . | . . . | 4 5 .
```

Puzzle 23 (Medium, difficulty rating 0.57)

```
. . 6 | . . 7 | 4 1 .
8 . . | . 2 9 | . . .
. 7 . | 5 6 . | 8 3 .
------+-------+------
2 . . | . 4 . | . . 3
. . . | . 7 . | . . .
3 . . | . 5 . | . . 6
------+-------+------
. 1 2 | . 3 4 | . 5 .
. . . | . 2 9 | . . 1
. 9 8 | 7 . . | 3 . .
```

Puzzle 24 (Medium, difficulty rating 0.46)

```
. . . | . . 5 | . . .
. . 5 | . 1 . | . 6 .
. 6 2 | 3 9 . | . . 5
------+-------+------
. 2 1 | . . . | 8 3 .
6 . 8 | . . . | 4 . 9
. . 3 | 9 . . | . 8 7
------+-------+------
3 . . | . . 5 | 4 7 1
. 4 . | . . 7 | . 5 .
. . . | . . . | 2 . .
```

MEDIUM

Puzzle 25 (Medium, difficulty rating 0.50)

		5			9	2		
	9	4						1
	6		8	1		7	4	
					8			
	2	1	9		6	3	8	
			5					
	1	3		5	2		7	
2						4	1	
		9	3			6		

Puzzle 26 (Medium, difficulty rating 0.54)

	4	6		7				1
1			9				6	8
5					8			7
	8		5				1	
			6		3			
	3				7		5	
2			3					6
3	6				1			2
9				2		4	3	

Puzzle 27 (Medium, difficulty rating 0.51)

9		1		7		5		
	3	2		4			6	
				8	1			
	5	7				8		2
		3		5		6		
8	9				7	1		
			6	3				
	1			9		8	2	
		8		1				6

Puzzle 28 (Medium, difficulty rating 0.54)

8	3			1	5		2	
		5	4			1		
	1		7	8		5		
		2					5	
	2					7		
	8				1			
		3		4	9		7	
		4			7	8		
9		5	3				1	2

MEDIUM

Puzzle 29 (Medium, difficulty rating 0.54)

	8			4	9	2		
	9	3						
5				1	8		7	
		5				1		2
	3	1				6	8	
9		6				7		
	5		1	3				4
					2	5		
	8	3	7			2		

Puzzle 30 (Medium, difficulty rating 0.54)

				4			5	7	1

			4			5	7	1
8					3			6
		2	6				8	3
6		8		3				
	9			4			3	
				8		7		9
7	8				1	9		
9			2					7
2	5	1			7			

Puzzle 31 (Medium, difficulty rating 0.52)

	2	1		3				
						3	1	2
	3		2		8	9	5	
				1	7			
9			4		6			5
		4	8					
	8	9	7		2		3	
5	1	2						
				8		2	6	

Puzzle 32 (Medium, difficulty rating 0.51)

			1					6
1	3	9	4		5	8	2	
				7		4		
					2		7	
2	4			3			6	8
	7		8					
		1		9				
	6	4	3		1	5	9	2
3					6			

MEDIUM

Puzzle 33 (Medium, difficulty rating 0.47)

		5		8	1			7
	7		4			3		
		2		3			9	4
9		1						
3			9		5			1
					9			6
8	3			5		4		
		6			1		7	
4		5	8		7			

Puzzle 34 (Medium, difficulty rating 0.53)

	5			4				8
			6	8				9
	1	6		5		2		
	6				8	7		4
		3				8		
2		8	9				1	
		1		9		4	5	
5				1	7			
4				3			8	

Puzzle 35 (Medium, difficulty rating 0.50)

		1						
5	3		6				8	
7			3	9			1	6
2				8	6	4		
		3		2		7		
	7	8	4					2
8	1			3	5			4
	9				1		3	5
						8		

Puzzle 36 (Medium, difficulty rating 0.48)

		2		1			4	9
		6			5			
	1	9	7					
9	4	8		3				5
			9	5	8			
3				2		9	6	8
					1	3	9	
			4			5		
5	6			8		1		

MEDIUM

Puzzle 37 (Medium, difficulty rating 0.55)

	7	6	5					4
				8	3			6
			6	7		2		9
	9		8					
5	4						2	1
					2		9	
2		9		4	5			
8			2	3				
7					8	1	3	

Puzzle 38 (Medium, difficulty rating 0.52)

3	8	5		1				2
	6	1			2			4
								3
		5		2				6
		1		9		6		8
		3				8		4
1								
5				6			7	2
2					7		5	3	8

Puzzle 39 (Medium, difficulty rating 0.49)

	7	6			4			
			8					9
8			6	7	5			
	8	3		2			1	
		2	7		8	3		
	4			1		2	8	
			1	9	2			5
2					7			
		1				6	7	

Puzzle 40 (Medium, difficulty rating 0.54)

		7		2		3		9
	2					4		1
	6				8		5	
5			8	3			7	
				9		5		
	4			1	2			3
	7		1				2	
8		3					4	
6		2		8		1		

MEDIUM

Puzzle 41 (Medium, difficulty rating 0.47)

5		7					2	9
				2	6	5		
4			9			8		
1			6					3
	7		5	4	9		8	
2					7			5
		5			6			8
	3	2	7					
6	4				5			1

Puzzle 42 (Medium, difficulty rating 0.47)

	2		4	6	1	3		
7			5					2
	4		7					
				7		8	2	
	8		2		5		1	
	6	2		3				
						7		3
5						9		4
			6	8	2	4		5

Puzzle 43 (Medium, difficulty rating 0.54)

	1			3	6		4	
5		6	8		2			
				6				
		1	8	2		4		
3		8		5		9		7
		4	3	7	9			
				4				
		1			3	7		9
	4	9	5				3	

Puzzle 44 (Medium, difficulty rating 0.56)

		1	4	3				6
2	9	6						
					2		5	
	2		6			1	7	
7		8	1	5				2
	8	6		2			3	
	5		4					
					6		4	3
4			5	3	7			

MEDIUM

Puzzle 45 (Medium, difficulty rating 0.48)

			4			6		
7		9	8					
2	1		6			7		8
5	2			1		3		
1								6
		3		5			2	9
9		6			2		1	5
					9	6		7
	7				4			

Puzzle 46 (Medium, difficulty rating 0.58)

					7	1	2	4
2		1	3		4	9		5
		7	4	6				9
		8				6		
	4			9	8	7		
1		9	7		2	4		6
4	5	3	6					

Puzzle 47 (Medium, difficulty rating 0.45)

	2			5		9	1	
6	7		1			2		
		1			2	3		
4				1		6		
		3		7				
	9			6				5
	8		4		6			
	4			6		7	2	
3	6		2			4		

Puzzle 48 (Medium, difficulty rating 0.46)

	5	7		4				
	1						3	2
6		7				5		
7			8		2			1
	4	6				2	8	
9			1		6			5
		9				6		4
2	3						5	
			4		5	9		

BONUS: MAZE

How to play
Draw the path through the maze, starting from the arrow to come out on the other side!

Answer

HARD

Puzzle 1 (Hard, difficulty rating 0.70)

		8	5		4			
	3	6	4		7	8		
				9		2	6	
5	9							
3	6				9		8	
					2		4	
9	6		1					
	3	7		2	8	1		
		5		9	6			

Puzzle 2 (Hard, difficulty rating 0.72)

7								3
	5	6		1	3	7		
	9		4	7			6	
	7	2						1
			7		9			
6						8	5	
	6			3	8		9	
		5	9	2		3	1	
9								8

Puzzle 3 (Hard, difficulty rating 0.70)

9	5			1		2		7
2						5	1	8
			5	2				
		9				5		
		4	5		1	9		
	6					8		
			4	8				
4	8	1						3
3		7		6		8	5	

Puzzle 4 (Hard, difficulty rating 0.71)

9		4			7			6
	7	1			2	4		
8			4				1	5
			6					
7		8				3		2
			9					
3	8				5			4
		2	8			6	7	
1			2			8		3

HARD

Puzzle 5 (Hard, difficulty rating 0.63)

	6		9		4		8	2
							6	7
8		4			9			
	7		3	6				
	2		7		5		1	
				2	8		3	
		7				5		6
9	8							
1	5		4		3		7	

Puzzle 6 (Hard, difficulty rating 0.62)

	7			4		1	2	3
				8				
1					3	8	9	4
		7		2		3	6	
	2	4		6		9		
9	8	6	5					1
					1			
2	1	3		9			5	

Puzzle 7 (Hard, difficulty rating 0.64)

				9		5		6
	7		6	3		9		
9	6			7		3		1
	1	3	2					
			7					
				4	5	1		
7	8		1			9		2
		6		8	2		4	
2	3		7					

Puzzle 8 (Hard, difficulty rating 0.61)

	3			1				6
4		7		9		8		
			7		5			4
8					3	1		
3		1	6	2				5
		1	9					2
2		4		1				
	1		4			2		7
6		2				1		

HARD

Puzzle 9 (Hard, difficulty rating 0.63)

								8
	9				6		1	
	2		4	1	8	9		7
		5		3	9		2	
9								5
	8		5	2		3		
6		4	7	8	1		9	
	1		6				7	
3								

Puzzle 10 (Hard, difficulty rating 0.70)

	9							
8		5		7				9
				5	9	3		8
		4	3		2		6	
6			5	9	7			3
	7		1		6	2		
1		9	7	6				
7				3		1		2
							7	

Puzzle 11 (Hard, difficulty rating 0.63)

4			9					
2			4			1	9	
8	9			6		7		
	6				4	5	8	
			7		6			
	4	8	5				7	
		3		4			6	8
	8	5			3			7
					9			5

Puzzle 12 (Hard, difficulty rating 0.64)

				7	8	4		
7			4				1	
			2	1		5		7
	2					1	8	4
	8						6	
6	1	7					3	
1		9		3	5			
	3				4			1
		8	1	6				

HARD

Puzzle 13 (Hard, difficulty rating 0.68)

		5	4					
3	2			8	6		7	
		1	3	5				
1	7					9		
9		6				8		1
		8					6	3
				6	9	5		
	6		8	1			9	7
					3	4		

Puzzle 14 (Hard, difficulty rating 0.62)

		6		9	8		3	5
				6	1		4	
			5			8	6	
	4				6	5	1	
	1	3	4				7	
	3	8			7			
	5		6	8				
6	7		9	1		4		

Puzzle 15 (Hard, difficulty rating 0.63)

	2	7	6			9		
		6				5	8	
		5		1	8		7	
		3		2	4			
2								4
			3	8		5		
	3		2	6		9		
6	9					3		
	7				3	6	8	

Puzzle 16 (Hard, difficulty rating 0.67)

	6		5	9	7			4
	2						3	
7		1	4	3			6	
6				4			9	
	5			1				6
	4			9	1	6		3
	7						8	
2		9	5	8			7	

HARD

Puzzle 17 (Hard, difficulty rating 0.70)

5			1				7	6
		7			2		3	4
			7					
3	1			2		6	8	
		5			4			
	4	8		5			9	1
				8				
4	8		2		3			
9	5			1				8

Puzzle 18 (Hard, difficulty rating 0.64)

				3			4	5
2		6	1					8
	5						9	
6	7		8		2	1		
			8				6	
		2	4		6		9	5
	9						1	
6				1	5			9
3	1		4					

Puzzle 19 (Hard, difficulty rating 0.60)

	4		5			7	9	
2			1					5
		9		7	3			2
					9	2		4
		4			6			
9	2	3						
3			9	5		8		
4					2			9
	9	6			1		4	

Puzzle 20 (Hard, difficulty rating 0.69)

8		6		3				
	1	3		4	8	9		
9						1	3	
4			7			8	5	
	5	9			6			1
	7	1						5
		4	8	6		7	1	
				7		6		2

HARD

Puzzle 21 (Hard, difficulty rating 0.72)

			2	7	1			
	7		5					4
	4			8			9	2
8	5			2		9		3
3		7		9			5	8
6	8		2				4	
4			5				2	
	2	9	6					

Puzzle 22 (Hard, difficulty rating 0.69)

9			2					4
5		6	7		8			
						4	8	
7		4	1				6	9
			1			7		
2	5				7	1		3
			5	3				
				8		5	6	7
3					2			5

Puzzle 23 (Hard, difficulty rating 0.74)

				9		6		
			7		2			1
		8	5		4	9		7
	1	7			3		2	
		8			3			
	4		5			1	7	
1	3	4		6	2			
6		5		4				
		8		1				

Puzzle 24 (Hard, difficulty rating 0.68)

3		2	9		7			5
5		4	6				3	
7							8	
	5			7	4			
1								7
			1	6			5	
	7							8
	3					5	1	2
2			7		8	5		6

HARD

Puzzle 25 (Hard, difficulty rating 0.68)

	1	6	7			3		9
	5			9				6
		9			4	8		
				8		2		
9			3		6			4
		3		4				
		8	4			6		
5				6			2	
3		1			5	4	9	

Puzzle 26 (Hard, difficulty rating 0.61)

				5	3			
		3					9	1
		9	8			5	2	3
				4		6	2	
2	7						8	4
			3	7		8		
5	6	9				7	1	
3	8						4	
			8	9				

Puzzle 27 (Hard, difficulty rating 0.71)

6				7		2		
2			4	6				
		5	1	2			7	
8	2	4			1			
1								5
			6			2	9	1
	8			1	2	4		
				9	4			3
	4		5					2

Puzzle 28 (Hard, difficulty rating 0.64)

	9		2					3
					7	6		8
	3	5	6	1				2
		6				3		
		3	2			6	4	
		1					5	
2				9	3		8	1
3		4	8					
9					4		2	

HARD

Puzzle 29 (Hard, difficulty rating 0.60)

		9		6	1	2		
1	7		8				9	
			3		1			7
4			1			6		
	1						8	
		7			3			1
7			9	8				
	8			4		1	3	
	9	4	5		8			

Puzzle 30 (Hard, difficulty rating 0.65)

		7			8	9	6	3
	6							
		8		1		4		5
			6					4
2	3	9				5	8	6
7					9			
6		1		9		8		
							5	
8	5	4	2			6		

Puzzle 31 (Hard, difficulty rating 0.73)

	2			8				
3			7	9	6			
		4		6		3	1	
	8	3	5	9				
7								3
			6	3	7	8		
6	1		9		4			
		5	6	1				9
		7			1			

Puzzle 32 (Hard, difficulty rating 0.67)

6				3			8	
	4					6	9	
		5			1	7	3	
				1	4			7
		4	3		8	1		
5			7	9				
	3	1	6			4		
	6	2					1	
	5			8				6

HARD

Puzzle 33 (Hard, difficulty rating 0.61)

.	.	.	.	.	.	.	1	6
.	6	.	9	.	.	2	.	.
.	1	.	6	2	.	9	.	.
.	.	9	.	.	8	1	7	.
.	2	.	7	.	5	.	3	.
.	3	8	2	.	.	5	.	.
.	.	6	.	8	3	.	2	.
.	.	2	.	.	6	.	4	.
4	8	.	.	.	.	.	.	.

Puzzle 34 (Hard, difficulty rating 0.69)

.	4	.	8	.	.	9	.	.
.	.	2	6	5	.	.	.	4
6	1	.	4	.	.	.	.	5
.	.	8	9	.	.	.	3	.
.	.	.	7	2	8	.	.	.
.	5	.	.	.	3	8	.	.
5	.	.	.	.	.	1	9	6
9	.	.	.	8	4	1	.	.
.	.	1	.	.	6	.	4	.

Puzzle 35 (Hard, difficulty rating 0.71)

.	.	4	6	5	.	3	.	.
.	3	.	.	.	.	.	.	.
1	.	4	9	.	.	.	.	5
7	.	9	.	4	.	1	.	.
4	.	3	.	9	.	.	.	7
.	8	.	7	.	.	9	.	2
6	.	.	.	7	2	.	.	3
.	.	.	.	.	7	.	.	.
.	5	2	3	8	.	.	.	.

Puzzle 36 (Hard, difficulty rating 0.65)

.	.	8	.	1	.	3	.	.
9	.	.	.	.	.	.	.	.
.	5	3	2	7	.	.	.	.
.	.	9	1	.	.	.	2	5
4	.	5	3	6	2	8	.	9
8	7	.	.	.	5	6	.	.
.	.	.	.	2	8	7	1	.
.	.	.	.	.	.	.	.	8
.	.	.	6	.	9	5	.	.

HARD

Puzzle 37 (Hard, difficulty rating 0.66)

	6		2		5			
4		5						
3				7	8	1		
2		6	4		9			1
1								9
9			6		1	3		5
	2	9	1					8
					1			7
		3		5		2		

Puzzle 38 (Hard, difficulty rating 0.71)

	2			1				
5		6				2	4	9
	4		8				3	
		4			5			3
3		5				7		2
2			3				4	
	5				9		2	
9	3		6			5		4
				2			1	

Puzzle 39 (Hard, difficulty rating 0.63)

9								
4	3	2	7			6	1	
	1	8			6			
		5		7	1		4	
	9					1		
	6		8	2		3		
			9			4	2	
2	4				5	1	9	7
								8

Puzzle 40 (Hard, difficulty rating 0.63)

				8				
	7		5	3		1		
2		6	1		7			4
					8	7	9	2
			5				8	
3	9	8	7					
1				8		9	5		3
		7		1	5		6	
				6				

HARD

Puzzle 41 (Hard, difficulty rating 0.63)

					3			
3				7			6	9
	1						3	7
	3		4		6		9	
9	2		7		1		5	6
	7		8		9		1	
7	8					2		
4	9			8				3
			5					

Puzzle 42 (Hard, difficulty rating 0.63)

		7		5			2	9
4	9					7	6	
				1				
1	3		5				7	
	7	4				8	3	
	8				3		1	2
				4				
	4	9					8	6
7	5			9		1		

Puzzle 43 (Hard, difficulty rating 0.64)

				1			7	
7	1	3			2			
	8		9	7		3		
		7		3			8	4
		4		2		7		
2	5			4		6		
		8		9	4		3	
			1			4	9	6
	4			6				

Puzzle 44 (Hard, difficulty rating 0.69)

	8		2					
	6		3	8	5			7
	3	2		9				
7			1			5	3	
8								2
	5	1			8			4
				5		6	7	
6			8	1	2		5	
					9		2	

HARD

Puzzle 45 (Hard, difficulty rating 0.63)

			2		9			
4			9	3		1		5
			7	5				3
6		7			8			
3	4						9	7
		7				3		4
9		6	1					
8	1	5	3					9
		3	8					

Puzzle 46 (Hard, difficulty rating 0.72)

5								
1			6					4
9	6	4			2	7	1	
		9			4	3		
3		2				8		6
		7	8			1		
	3	6	1			9	2	7
2					9			8
								1

Puzzle 47 (Hard, difficulty rating 0.61)

	3	6			7			4
2			3	8				5
			1			8		3
			4	6		5		
		8				6		
		5		9	8			
7		2			5			
1				3	2			6
4			6			2	8	

Puzzle 48 (Hard, difficulty rating 0.62)

4				3	5	8		7
	3			1		5	6	
5	7	8						
	9				3			
6								5
			9				2	
						2	3	6
	8	4		6			7	
2		6	3	7				8

BONUS: CROSSWORD

Across
2. It's not our present or our future
3. we used to use chalk on these
4. a test
5. an area of knowledge studied in a school, college or university
9. an educator
11. you can be taught this, or people can have this
13. a group of learners that take lessons together
14. you don't want one of these on your scorecard
15. you will want plenty of these on your scorecard
16. it's all about living things

Down
1. one that becomes educated by the educator
6. what you do when you move around
7. where you get your degree in the United Kingdom
8. Newton's favourite
10. it's all about places
12. you want the highest one of these you can get

Answers
Across: 2. History 3. Board 4. Exam 5. Subject 9. Teacher 11. Chemistry 13. Class 14. Fail 15. Pass 16. Biology
Down: 1. Student 6. Exercise 7. University 8. Physics 10. Geography 12. Mark

VERY HARD

Puzzle 1 (Very hard, difficulty rating 0.76)

		1		7		8		
	9		2	6				7
	8			5	6			
5	6				7	2		
8			5					9
	7	2			4			8
	4	5			2			
2		3	1		8			
	3		2		8			

Puzzle 2 (Very hard, difficulty rating 0.91)

		3						
6			1			3	4	
	3			8	5	1	2	6
8	7				3			4
4			9				6	7
6	9	5	1	3			7	
	1	2		7			5	
					2			

Puzzle 3 (Very hard, difficulty rating 0.78)

7		3						
		4	6		3	2	9	
	6				2	7		
		3	9	1				5
		5			8			
2			8	4	5			
		2	5			7		
	7	1	4		9	5		
					9		3	

Puzzle 4 (Very hard, difficulty rating 0.84)

					9		3	
			6	3		9	8	1
						7		
	9	4		1		3		8
2			3		4			9
7		1		5		2	6	
		6						
1	4	3		8	7			
	5		4					

VERY HARD

Puzzle 5 (Very hard, difficulty rating 0.87)

	7	8			4		5	
								7
	5		1	8			9	
	8	9				5	7	
3		2				9		1
	1	7				2	4	
	9			5	2		3	
8								
	6		3			7	1	

Puzzle 6 (Very hard, difficulty rating 0.76)

		3	6	9			2	
					3	9		7
6				8		1	5	
		2		3	7		4	
	7		2		5			
	3	7		6				5
9		6	3					
	8			7	1	6		

Puzzle 7 (Very hard, difficulty rating 0.93)

1		2				6	3	
	9		2	8		7		
	5			6			2	
	3				6			2
		1		5		6		
5			8			9		
	7			9			8	
		5		4	8		1	
8	1					4		6

Puzzle 8 (Very hard, difficulty rating 0.88)

9	2						7	
						5		1
		7		8			4	2
1				5	7			
7		6	4		2	8		5
			9	6				3
6	8			9		4		
4		3						
	7						8	6

VERY HARD

Puzzle 9 (Very hard, difficulty rating 0.86)

		5	1		9			
5	2		8	7		3		
		6	3		5			
7		4			6			
	2				8			
	8			5		1		
	6		1	9				
9		8	4	1		6		
	4		2		6			

Puzzle 10 (Very hard, difficulty rating 0.84)

		5	9		4			
9			2				3	4
3	4				6			
	9			8		2		
2		3					8	1
		8		2			9	
				7			8	2
8	1				2			9
			3			8	7	

Puzzle 11 (Very hard, difficulty rating 0.76)

	9		8	6	5	2		
		5		1	2		6	8
						4		
				8			5	6
		8			4			
4	5		9					
	8							
2	4		1	7		5		
		7	2	8	3		9	

Puzzle 12 (Very hard, difficulty rating 0.79)

	1	7		4		9		
4			2	9		5		8
						7		3
2		9				8	3	
			3	6			7	5
6			8					
		2		6		4	5	8
				1		9	6	7

VERY HARD

Puzzle 13 (Very hard, difficulty rating 0.75)

	8			4	2	5	9	
			5					
1		5		7				4
	2		8					7
	6		7	9	1		5	
9				5		1		
8				5		2		9
					6			
	3	9	2	1			4	

Puzzle 14 (Very hard, difficulty rating 0.81)

	1		6	7				5
2		3			1		6	7
	7				2			
5		7			3		8	
	6		5			3		4
			9				4	
7	8		1			9		6
4				8	6		1	

Puzzle 15 (Very hard, difficulty rating 0.75)

5		8			2		7	9
	7					1		
			8	6				5
9			5			7		
7	5						6	8
		4			6			1
8				5	1			
		9					2	
2	3		6			8		4

Puzzle 16 (Very hard, difficulty rating 0.81)

5		3	4					
8					7		3	
	2			5		8		
3		1	8			9		6
			8			4		
2		6			1	3		8
		5		6			9	
	6		7					4
					5	1		3

VERY HARD

Puzzle 17 (Very hard, difficulty rating 0.90)

	2			6	1			
			4	9				2
4		5	7					1
2	4				1			7
		7			3			
8		3				4	5	
7				8	5			6
3			5	9				
		2	7		1			

Puzzle 18 (Very hard, difficulty rating 0.76)

	4			1				
			7		4	2	5	8
		5		9	8		4	
	2					5		7
		1				4		
6		7						8
	7		4	5		8		
5	3	8	9		1			
				7			2	

Puzzle 19 (Very hard, difficulty rating 0.83)

							2	7
		1			3			5
	2		6	5	9	8		
				1	5		4	
		5	9	4	2	6		
	4		3	6				
		4	5	9	6		8	
9						1		
5	7							

Puzzle 20 (Very hard, difficulty rating 0.83)

6	1							
		5		7	3		1	
	7		8		6			3
	5	1				8		
3	6						4	7
		8				3	6	
1			2		5		3	
	2		7	3		9		
							7	2

VERY HARD

Puzzle 21 (Very hard, difficulty rating 0.77)

	3	5		2				1
4			5		1	9		7
								2
				5		3		
3	6	4		9		2	8	5
		1		6				
6								
5		9	4		6			8
8				1		6	7	

Puzzle 22 (Very hard, difficulty rating 0.83)

9			6		5	4		
	7			9	4			
	5		3		1			
						2		
6	2	7	8		9	5	4	3
		8						
			1		8		2	
			9	6			8	
		1	7		2			4

Puzzle 23 (Very hard, difficulty rating 0.86)

		3	2		4		6	5
		4		5				2
		2	1			4		
	9	7	6			8		
				8				
		8			3	5	2	
		6			1	2		
8					6		7	
4	1		7		8	6		

Puzzle 24 (Very hard, difficulty rating 0.80)

	3	5	7		9	4		
	7		5	2			9	6
		2	8				6	4
	4						8	
3	6				4	1		
5	1			6	2		3	
		6	3		5	9	1	

VERY HARD

Puzzle 25 (Very hard, difficulty rating 0.79)

	1	2	6		8			
	6	9		1	7			5
		3						
9		6		8			1	4
3	1			4		7		2
					5			
1			5	2		6	3	
		5			7	6	2	

Puzzle 26 (Very hard, difficulty rating 0.77)

		7					5	9
4	3	5			9		8	
	9				1	3	4	
		8	1					
			1		9		6	
					2	5		
	6	9	7				1	
	1		9			4	7	5
7	5					9		

Puzzle 27 (Very hard, difficulty rating 0.85)

7	4		6		3			
6			2			3	1	7
						8		
		6	9				2	8
	2						9	
8	9				2	4		
		2						
3	8	5		9				1
			5		6		8	3

Puzzle 28 (Very hard, difficulty rating 0.80)

		7						3
					1	7	9	
3	6			9			4	
	3		1			9		
	2	5	6	7	9	8	3	
		6			3		2	
	8			4			6	2
	4	2	8					
5						4		

VERY HARD

Puzzle 29 (Very hard, difficulty rating 0.78)

	2	5				1	6	
		1	2					
6				9		3		
		3			8		9	5
1	9			5			8	4
4	5		1		6			
		6		4				3
					5	9		
5	7				2		6	

Puzzle 30 (Very hard, difficulty rating 0.80)

8	5				6	1	9	
				4			6	8
					8		5	
4			8		2			3
	8						2	
6			7		5			4
	4		9					
5		2		8				
		8	6	5			7	1

Puzzle 31 (Very hard, difficulty rating 0.85)

				4			9	8
		6	9					
8			7		5	2	6	
		5	8		3			2
	1					5		
2			4		1	8		
	8	3	5		7			1
					4	3		
1	5			9				

Puzzle 32 (Very hard, difficulty rating 0.91)

	8	1		6	4	9	3	
		3	7					
6	9							7
		8					2	
2		6					4	3
		1					8	
8							5	9
						8	2	
	4	9	3	2			7	8

VERY HARD

Puzzle 33 (Very hard, difficulty rating 0.83)

	5	9						
1	9	2				5		6
8				5	3		1	
		9		3	8			
	4						2	
		7	4		6			
	8	3	7					1
7		6				8	9	5
					5		6	

Puzzle 34 (Very hard, difficulty rating 0.82)

		5		1		7		2
	7	4				9	3	
				7			4	
1					7	2	8	
		6				5		
	8	4	9					6
	9			3				
	6	1			2	8		
3		2		9		4		

Puzzle 35 (Very hard, difficulty rating 0.79)

8	4		9		3	7		
		6			4			
1		9						8
3	5				1			
	8	1		6		5	3	
			5				2	1
6						2		4
			3				1	
		4	6		2		5	3

Puzzle 36 (Very hard, difficulty rating 0.78)

3						2		4
	4	1	2		7	3		
				3				8
		8	6					7
	7		5		1		3	
1					3	5		
7			6					
		2	1		5	9	7	
9	3							5

VERY HARD

Puzzle 37 (Very hard, difficulty rating 0.83)

	2	8						9
		4			2	8	3	
	9		8		6			
		6			8		7	
	3		4		7		2	
	4		6		9			
			2		1		8	
	6	2	7		1			
3					2	4		

Puzzle 38 (Very hard, difficulty rating 0.93)

					7	5	1	
				5		4		
5				2		6	3	8
		3		7				1
	8	5		6		2	4	
1				5		3		
8	5	2		3				4
				1		5		
	4	6	9					

Puzzle 39 (Very hard, difficulty rating 0.84)

		2			4			
	9	3			5			
		8		1				9
		7		4	8	9		2
	5		2		7		8	
2		8	5	9		6		
7					6		9	
		9				7	4	
		5			3			

Puzzle 40 (Very hard, difficulty rating 0.84)

	2				7			6
			6			1		
7	4	8	3	6	9			
8	5							
1	6						4	2
							1	8
			2	3	8	9	6	7
			9			1		
6		7					3	

VERY HARD

Puzzle 41 (Very hard, difficulty rating 0.93)

		1			7	5	3	
		2		5				7
		9	3		2			
	4						5	2
	9	3		1	8			
8	6				9			
		2		4	3			
4			7		6			
	8	7	1			6		

Puzzle 42 (Very hard, difficulty rating 0.77)

		3	1					4
			2		8		5	
1				5				9
8			6		4		2	7
			7		5			
7	6		9		3			8
	1			4				5
	9		3		2			
4					1	6		

Puzzle 43 (Very hard, difficulty rating 0.79)

6		1	8		2			5
	5		1					
	8			3	6			4
		6			7			
4	6					5		2
	3			1				
9		6	7			2		
			9			6		
5		3	6		9			8

Puzzle 44 (Very hard, difficulty rating 0.83)

	6		5		2		9	7
5			9			1	3	
9						5		
		4			1			
2			6	9	8			3
			4				6	
		3						4
	1	2				6		9
4	9		7		5		2	

VERY HARD

Puzzle 45 (Very hard, difficulty rating 0.79)

5			9	4	2	3		
		3	6					2
		4	7		8			
	4	1				7		
3								6
	5				4	2		
		1		3	7			
8				6	2			
		2	4	8	7			9

Puzzle 46 (Very hard, difficulty rating 0.84)

					4			1
		3	7	5			9	
		9	1			7		5
9		8		6			4	
	7						2	
	3			4		8		6
3		7			8	6		
	5			1	3	9		
4			6					

Puzzle 47 (Very hard, difficulty rating 0.89)

	2			3	1			
			2	7				
	1		9	3	2			5
		5	9					3
9	6				5	1		
5			8	1				
1	9		4	7		6		
	6	1						
	7	8		1				

Puzzle 48 (Very hard, difficulty rating 0.77)

4		8		9				
9	7		1				4	
3	1	5			4			
1	8		2					
		9		4		1		
					8		3	4
		3				4	6	5
	6				7		9	3
				5		7		1

BONUS: NONOGRAM

				1	7				
		1	3	4	1	5	3	4	3	0
	3									
2	1									
3	2									
2	2									
	6									
	5									
	3									
	1									
	2									

How to play
- Use *logic* to reveal the picture. Don't guess!
- The picture is made of *solid squares*, and *blank squares*.
- The clues are the *numbers* at the ends of rows and tops of columns.
- The numbers are the number of *consecutive* black squares.
- A clue ③ ② means there are three solids followed by a block of two solids.
- The *order* is correct, but you must work out how many blank spaces there are in-between them.
- Complete all the rows and columns to reveal the picture!

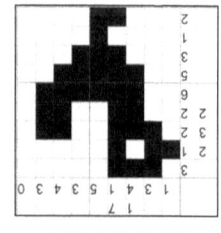

Answer

BONUS ROUND

Puzzle 1 (Medium, difficulty rating 0.45)

							6	1
9							6	1
			4			2		5
	8	5	1					
6		7	8		4		1	
		3		2		4		
	2		5		3	6		9
					5	9	8	
5		9			8			
4	6							7

Puzzle 2 (Easy, difficulty rating 0.40)

							6	9
				6		5		
2		9	5	7				4
	7		2		9		8	
5		8		6		2		3
	3		1		5		6	
4				2	3	8		1
		3			6			
8		1						

Puzzle 3 (Medium, difficulty rating 0.46)

	5				6		4	
					8			2
		9	4			3		5
	1	3	7	9		8		
	2						3	
		7		6	3	4	5	
3		2			9	1		
5			1					
	4		3			7		

Puzzle 4 (Medium, difficulty rating 0.51)

	3			7			1	2
2			4				8	
			2			9	7	
				2	8	3		9
		4				6		
7		3	6	9				
	4	9			2			
	7				6			4
8	1		4			9		

BONUS ROUND

Puzzle 5 (Easy, difficulty rating 0.41)

				6				
	5	8			6		4	
	1		4			3	7	9
		9		3	5			8
9				5				6
4		5	6		8			
8	7	3			4		2	
	2		3			8	6	
		6						

Puzzle 6 (Easy, difficulty rating 0.41)

		3	8		9	7		
	4			7	1			
		5				1		2
	1		9					8
	8	2		1		4	9	
3					2		5	
9		1				7		
			1	5			6	
	6	8		3	9			

Puzzle 7 (Medium, difficulty rating 0.53)

				7	3			
7		1		2				
		9	7		5			8
6		3	4		7		5	
	4					7		
	1		6		8	2		3
5			3		4	6		
			8		9			4
	9	8						

Puzzle 8 (Medium, difficulty rating 0.58)

		2			5			7
		4	8	3	9		5	6
	8			2	4			
			6					3
	9					6		
6				3				
			4	8			6	
8	7		5	9	6	1		
4			3				8	

BONUS ROUND

Puzzle 9 (Easy, difficulty rating 0.44)

		8		3				6
8			6				9	5
7				1		4		3
			3	7				
2	8		9			7		1
		1	5					
1		8		4				7
6	9			7				2
5			3		9			

Puzzle 10 (Easy, difficulty rating 0.39)

	1		6		4			
	6					1	5	
	7		2			9		
1			9	5	2		7	
			4		3			
	3		6	1	7			9
		2			5		1	
	8	7				6		
		5		3		8		

Puzzle 11 (Medium, difficulty rating 0.55)

		2	4		8	3		
		9		7		5		
		5						6
1	5	7						8
3		9			1			2
2				5	4			9
4				2				
	2		6		5			
	8	5		9	4			

Puzzle 12 (Medium, difficulty rating 0.51)

		2			5	6	4	
6			9			1	3	
				1	9		2	
		3		4		9		
4							8	
	5		6		7			
3		4	8					
5	1			3				9
2	7	9			5			

BONUS ROUND

Puzzle 13 (Easy, difficulty rating 0.31)

	7	9	8			6		
	5						8	
3	8	6		7				
4		3		2				1
		1		3		9		
5				6		8		2
				8		2	7	3
	1					4		
		2			4	1	9	

Puzzle 14 (Easy, difficulty rating 0.44)

5			4			3		2
	8		1	3	9			5
	4		2					
	9	1	8			2		
		5				6	9	8
						8		3
2			6	4	1		5	
8		9				3		4

Puzzle 15 (Hard, difficulty rating 0.61)

		8		4				3
	4			7	8		9	
			2		8			
			9	1	6			
3	5	4		8		1	7	9
		1	7	3				
		3			9			
	1		8	6			4	
4				1		3		

Puzzle 16 (Easy, difficulty rating 0.34)

	7	8	9		5		2	
				1	2			6
	5				3			4
						3		
3		1	7	5	9	4		2
		4						
9			5				4	
7			2	8				
	1		4		6	7	5	

BONUS ROUND

Puzzle 17 (Easy, difficulty rating 0.43)

	4	6		3		2		5
			4		6		8	1
	2		1					
9						3	1	
		3			5			
	1	7						4
				3		4		
6	9		2		1			
7		8		5		1	2	

Puzzle 18 (Hard, difficulty rating 0.62)

9		7	4	2	5		6	
			3					
	4		7		8			
	5	2						7
1		9	7	6				4
8				4	2			
		1		7		2		
				3				
	6		8	9	2	7		1

Puzzle 19 (Easy, difficulty rating 0.41)

3			1		5			
	7		8					
	2	6		3				7
5	1	4		9	7			
2								1
		8	4		9	3	5	
8			6		4	1		
				2		6		
	5			4				2

Puzzle 20 (Medium, difficulty rating 0.47)

				9				
		3	2		4	1	8	
		1		7				9
7	4	6		2	1			
8								1
			6	3		7	4	2
9				1		3		
	1	8	7		2	4		
				8				

BONUS ROUND

Puzzle 21 (Hard, difficulty rating 0.63)

2			1	9				
9		8	3			7	1	
		3	7			5		
		6				9		7
			6		5			
5		1				8		
		2			3	4		
	3	5			9	1		2
				1	7			5

Puzzle 22 (Medium, difficulty rating 0.54)

		8				7		
5					3			9
						4	1	6
2	6			1	7		4	
			5	4	3	6	1	
	7		9	8			6	5
4	8	2						
9			2					4
		6				5		

Puzzle 23 (Medium, difficulty rating 0.45)

			2	4		3		
	1		8			5		
		6		5	3	4	7	
					7			6
1	9			6			4	3
6		5						
	8	2	7	3		1		
	5				6		8	
		6		5	8			

Puzzle 24 (Hard, difficulty rating 0.67)

					7		9	
				6	8	2	1	
5	2				9			6
	9		7		5			8
		7				3		
2		9		6		7		
9		4					6	7
	3	8	6	5				
	1			9				

BONUS ROUND

Puzzle 25 (Medium, difficulty rating 0.48)

4			3				2	8
	8	5				1		
1					7		3	
9	5	8		3	1			
			9	8		6	5	3
	6		2					1
		3				7	6	
8	9				6			2

Puzzle 26 (Very hard, difficulty rating 0.83)

		3	7	4		9		8
	4			8			6	
					9	1		
2	9							
8		1	9	7	2	4		6
							9	1
		8	1					
	2			3			1	
3		6		2	5	7		

Puzzle 27 (Easy, difficulty rating 0.30)

	1	4	6	5		2		
	2			9	1			
	7	1				8		
				1	5	7		
7			5					4
	9	5	6					
	8				7	2		
		9	5			4		
	6		8	3	2	7		

Puzzle 28 (Easy, difficulty rating 0.45)

		2		1				6
	3		5					4
	1	6		7	3		2	5
						4	7	
9				8				1
	5	7						
3	6		2	9		1	5	
7					5		3	
2				3		9		

BONUS ROUND

Puzzle 29 (Medium, difficulty rating 0.53)

	3			9		5		
7		9		4				
4		2	6	3	7			
	8				9			
5	2					3	1	
		3				2		
		9	5	6	4		3	
			1		5		6	
	6	3			7			

Puzzle 30 (Very hard, difficulty rating 0.86)

1	8				9		5	7
	6				3	2		9
				4			1	
	3	2	9					
			5	7	2			
					6	9	2	
	4				8			
9		8	7				3	
7	1		3				9	2

Puzzle 31 (Easy, difficulty rating 0.41)

	8			4		6	7	5
9					3		2	
	6			8				
		2	7					9
	7	1		9		5	6	
8					1	7		
			8				1	
	5		2					6
1	4	8		6			5	

Puzzle 32 (Medium, difficulty rating 0.47)

		5		1	4	8		
		2				1		
9					2			4
	7	3		8			9	
		9	4		7	3		
	8			3			4	7
5			1					8
		6					7	
		7	5	6		2		

BONUS ROUND

Puzzle 33 (Medium, difficulty rating 0.55)

```
9 1 . | . . 5 | . . 4
8 . 4 | . . . | . 6 .
. 2 . | 6 . . | 5 . .
------+-------+------
. 9 . | 3 . 7 | 1 . .
. 8 . | . 9 . | . 7 .
. . 3 | 1 . 8 | . 9 .
------+-------+------
. . 8 | . . 9 | . 3 .
. 4 . | . . . | 9 . 1
5 . . | 4 . . | 8 2 .
```

Puzzle 34 (Easy, difficulty rating 0.39)

```
4 . . | . 3 2 | . . .
. . . | 6 . . | 8 4 .
. 5 3 | 9 . . | . 7 6
------+-------+------
2 . . | . . . | . . 6
. 3 6 | . . . | . 5 7
. 8 . | . . . | . . 4
------+-------+------
5 . 9 | . . 6 | 8 4 .
. . 1 | 8 . 4 | . . .
. . . | 7 1 . | . . 3
```

Puzzle 35 (Very hard, difficulty rating 0.75)

```
. . 9 | . 5 6 | . . .
. . . | 6 3 2 | . . 4
. . 8 | . . . | . 7 9
------+-------+------
. 7 . | . 8 2 | . 4 .
5 . . | . . . | . . 7
. 6 . | 3 5 . | . 2 .
------+-------+------
3 4 . | . . 8 | . . .
8 . 2 | 7 3 . | . . .
. 1 5 | . . 6 | . . .
```

Puzzle 36 (Easy, difficulty rating 0.43)

```
. . 9 | . . . | 6 . 3
2 1 . | 7 5 . | . . .
6 . . | . . 8 | . 7 .
------+-------+------
9 6 . | . . 3 | . . 5
5 . . | . . . | . . 8
7 . . | 2 . . | . 1 6
------+-------+------
. . 5 | . 4 . | . . 7
. . . | . . 9 | 2 . 6 1
1 . . | 6 . . | 3 . .
```

BONUS ROUND

Puzzle 37 (Medium, difficulty rating 0.51)

	2							
	3			7			8	9
1	7			3	6	2		
7	2				4		1	
		3		9				
	8		7				4	2
	1	8	5			9		3
2	4			9			7	
					1			

Puzzle 38 (Easy, difficulty rating 0.45)

		7				1		9
				1	5			
				9		6	2	
4				7		5	8	2
		6	3				9	4
5		8	4		3			7
		6	2		9			
				1	4			
9		1				5		

Puzzle 39 (Medium, difficulty rating 0.54)

	2	9		6	1	8		4
			8			5		
				7	1		6	
	7			3		9		
	6						4	
		3		5			6	
5		2	9					
		1			5			
7		6	1	8		3	9	

Puzzle 40 (Easy, difficulty rating 0.38)

	4				2			1
			9		3	2	5	
		1						
8				9	7		1	
9	6	7		4		8	2	3
	1		6	2				5
						6		
	5	3	7		9			
1			4				9	

BONUS ROUND

Puzzle 41 (Medium, difficulty rating 0.47)

				1		3		
		1			6	2		7
6	5		2			1		4
							2	5
	1	5				8	7	
8	7							
5		4			8		1	3
2		7	4			9		
		6		9				

Puzzle 42 (Medium, difficulty rating 0.53)

1	8			3			5	
	3		5			1	9	
	6				8	4		3
		1	3					
		2		4				
					7	2		
3		2	6				4	
		6	4		2		9	
	9			8			2	7

Puzzle 43 (Very hard, difficulty rating 0.80)

		9			8			
3		4	9	1				5
	1		7					
2	4			1		5		
9			5		4			6
	6		3			4	1	
				6		3		
4				7	3	6		9
			2		1			

Puzzle 44 (Medium, difficulty rating 0.49)

					7	3	4	
7	6	3				9		5
							2	6
		5	7	4	3	6		
				2				
		9	1	6	5	4		
8	3							
1		6				2	9	7
	7	4	2					

BONUS ROUND

Puzzle 45 (Medium, difficulty rating 0.50)

		9	1	6			8	
	8	6			2			9
			8			2		
	5				3			4
	7		6	8	4		5	
1		4				9		
		5			6			
4			2			7	3	
	9			1	5	8		

Puzzle 46 (Medium, difficulty rating 0.48)

1		5					4	
				4		6	1	5
		4		1		5		9
		3		6				8
5				1				6
8				3			5	
9			6		4		3	
3	6	2		8				
	7						9	1

Puzzle 47 (Medium, difficulty rating 0.52)

3	5		4	7		9	6	
	4							
					2			5
	9	7		2		3	4	
			7	6	9			
	1	5		4		7	9	
2			5					
							5	
	8	6		3	4		1	7

Puzzle 48 (Easy, difficulty rating 0.42)

4		9	7					
3	2		1				7	4
		8	2		5			
			4		7	3		
	1						6	
		3	9		8			
		6			1	9		
8	4				5		2	6
					4	1		8

BONUS: COLORING

ANSWERS : EASY

Puzzle 1 (Easy, difficulty rating 0.43)

2	8	3	5	9	7	4	1	6
7	9	6	2	1	4	5	3	8
5	1	4	6	8	3	9	2	7
1	4	5	7	6	8	2	9	3
3	2	7	9	5	1	6	8	4
8	6	9	4	3	2	7	5	1
4	3	2	8	7	9	1	6	5
6	7	8	1	2	5	3	4	9
9	5	1	3	4	6	8	7	2

Puzzle 2 (Easy, difficulty rating 0.43)

6	4	5	8	3	1	2	9	7
8	9	1	7	2	6	5	4	3
3	2	7	4	5	9	1	6	8
1	7	4	3	8	2	6	5	9
5	8	9	6	4	7	3	2	1
2	6	3	1	9	5	8	7	4
9	1	2	5	7	8	4	3	6
7	3	6	2	1	4	9	8	5
4	5	8	9	6	3	7	1	2

Puzzle 3 (Easy, difficulty rating 0.41)

2	8	3	5	9	7	4	1	6
7	9	6	2	1	4	5	3	8
5	1	4	6	8	3	9	2	7
1	4	5	7	6	8	2	9	3
3	2	7	9	5	1	6	8	4
8	6	9	4	3	2	7	5	1
4	3	2	8	7	9	1	6	5
6	7	8	1	2	5	3	4	9
9	5	1	3	4	6	8	7	2

Puzzle 4 (Easy, difficulty rating 0.45)

5	3	6	4	2	8	7	1	9
9	1	2	7	3	6	8	4	5
4	8	7	5	1	9	3	2	6
1	5	9	2	8	4	6	3	7
2	7	3	1	6	5	9	8	4
8	6	4	3	9	7	1	5	2
7	4	8	6	5	1	2	9	3
6	2	1	9	4	3	5	7	8
3	9	5	8	7	2	4	6	1

Puzzle 5 (Easy, difficulty rating 0.42)

4	8	9	2	7	3	6	5	1
1	2	3	9	5	6	8	7	4
7	5	6	8	1	4	3	2	9
8	1	4	7	6	5	2	9	3
5	3	2	1	4	9	7	6	8
9	6	7	3	8	2	1	4	5
6	4	8	5	3	7	9	1	2
2	7	1	4	9	8	5	3	6
3	9	5	6	2	1	4	8	7

Puzzle 6 (Easy, difficulty rating 0.43)

8	4	1	9	6	3	2	7	5
6	7	3	5	1	2	4	9	8
5	2	9	8	7	4	1	6	3
2	6	7	3	8	9	5	4	1
3	9	8	1	4	5	6	2	7
4	1	5	7	2	6	8	3	9
7	8	2	6	3	1	9	5	4
1	5	6	4	9	7	3	8	2
9	3	4	2	5	8	7	1	6

Puzzle 7 (Easy, difficulty rating 0.38)

7	2	1	9	4	8	5	3	6
3	8	6	5	7	1	4	2	9
4	9	5	6	2	3	8	1	7
6	7	2	8	5	4	1	9	3
9	5	8	3	1	6	2	7	4
1	4	3	7	9	2	6	8	5
2	3	4	1	6	7	9	5	8
8	1	9	4	3	5	7	6	2
5	6	7	2	8	9	3	4	1

Puzzle 8 (Easy, difficulty rating 0.45)

1	8	2	9	7	3	4	5	6
5	3	6	1	4	8	9	7	2
7	9	4	5	6	2	3	1	8
2	4	1	7	9	5	6	8	3
9	5	3	2	8	6	7	4	1
6	7	8	4	3	1	5	2	9
4	1	7	6	2	9	8	3	5
8	2	9	3	5	7	1	6	4
3	6	5	8	1	4	2	9	7

Puzzle 9 (Easy, difficulty rating 0.37)

4	5	6	7	1	9	2	8	3
3	7	8	4	6	2	9	1	5
2	1	9	3	8	5	6	4	7
8	4	2	6	3	1	7	5	9
6	3	7	9	5	4	1	2	8
5	9	1	8	2	7	3	6	4
1	2	4	5	7	3	8	9	6
9	6	3	2	4	8	5	7	1
7	8	5	1	9	6	4	3	2

Puzzle 10 (Easy, difficulty rating 0.43)

6	3	8	5	1	4	2	7	9
4	1	9	2	3	7	6	8	5
5	7	2	8	6	9	3	1	4
7	8	6	4	5	3	9	2	1
2	5	3	7	9	1	4	6	8
9	4	1	6	2	8	5	3	7
3	2	4	1	8	5	7	9	6
1	6	7	9	4	2	8	5	3
8	9	5	3	7	6	1	4	2

Puzzle 11 (Easy, difficulty rating 0.37)

6	8	1	9	3	5	2	7	4
3	4	9	7	2	8	1	5	6
7	2	5	6	1	4	9	3	8
8	9	4	1	5	6	3	2	7
1	6	2	3	7	9	8	4	5
5	7	3	8	4	2	6	1	9
4	3	8	2	6	7	5	9	1
9	1	7	5	8	3	4	6	2
2	5	6	4	9	1	7	8	3

Puzzle 12 (Easy, difficulty rating 0.43)

6	7	2	9	1	5	3	8	4
9	5	3	8	7	4	2	1	6
8	4	1	2	6	3	9	7	5
3	1	6	7	4	2	8	5	9
5	8	7	3	9	6	1	4	2
4	2	9	5	8	1	7	6	3
2	3	8	4	5	7	6	9	1
1	9	5	6	2	8	4	3	7
7	6	4	1	3	9	5	2	8

ANSWERS : EASY

Puzzle 13 (Easy, difficulty rating 0.41)

1	8	5	4	2	9	6	7	3
6	2	3	5	7	1	9	8	4
4	9	7	6	8	3	2	5	1
7	1	6	2	3	5	4	9	8
3	5	9	7	4	8	1	6	2
2	4	8	9	1	6	7	3	5
9	6	1	8	5	4	3	2	7
5	7	4	3	6	2	8	1	9
8	3	2	1	9	7	5	4	6

Puzzle 14 (Easy, difficulty rating 0.42)

7	1	4	5	3	2	8	9	6
3	9	8	6	1	7	2	4	5
6	2	5	9	8	4	1	7	3
8	4	6	1	5	3	9	2	7
9	7	2	8	4	6	3	5	1
1	5	3	7	2	9	4	6	8
5	3	7	2	9	1	6	8	4
2	6	1	4	7	8	5	3	9
4	8	9	3	6	5	7	1	2

Puzzle 15 (Easy, difficulty rating 0.38)

3	2	7	6	8	1	9	5	4
1	4	6	9	7	5	2	3	8
5	9	8	3	4	2	7	1	6
9	6	3	1	2	8	4	7	5
7	8	1	4	5	6	3	2	9
4	5	2	7	9	3	6	8	1
2	1	4	5	3	9	8	6	7
6	3	9	8	1	7	5	4	2
8	7	5	2	6	4	1	9	3

Puzzle 16 (Easy, difficulty rating 0.41)

4	7	5	9	3	6	2	8	1
6	1	8	2	5	4	3	7	9
2	3	9	8	1	7	5	4	6
5	2	6	7	8	3	9	1	4
1	8	4	6	2	9	7	5	3
3	9	7	5	4	1	6	2	8
9	4	1	3	7	5	8	6	2
8	5	3	4	6	2	1	9	7
7	6	2	1	9	8	4	3	5

Puzzle 17 (Easy, difficulty rating 0.42)

7	2	9	5	3	8	1	4	6
4	6	3	9	1	2	7	8	5
8	5	1	7	6	4	2	9	3
9	8	2	3	4	5	6	1	7
6	7	5	8	2	1	9	3	4
3	1	4	6	9	7	8	5	2
2	9	7	4	8	3	5	6	1
1	4	8	2	5	6	3	7	9
5	3	6	1	7	9	4	2	8

Puzzle 18 (Easy, difficulty rating 0.43)

1	8	3	6	2	9	4	5	7
4	6	7	1	5	3	2	8	9
2	5	9	4	8	7	6	1	3
8	3	2	9	1	4	7	6	5
6	9	1	5	7	2	3	4	8
5	7	4	8	3	6	9	2	1
3	4	5	2	9	8	1	7	6
9	2	8	7	6	1	5	3	4
7	1	6	3	4	5	8	9	2

Puzzle 19 (Easy, difficulty rating 0.32)

4	3	8	9	1	7	5	2	6
2	5	7	6	8	3	9	1	4
6	1	9	4	2	5	3	7	8
7	6	5	1	4	8	2	9	3
8	4	2	3	7	9	6	5	1
1	9	3	5	6	2	4	8	7
5	7	6	8	9	4	1	3	2
3	2	1	7	5	6	8	4	9
9	8	4	2	3	1	7	6	5

Puzzle 20 (Easy, difficulty rating 0.44)

5	9	8	6	1	3	4	7	2
3	6	7	8	2	4	1	9	5
2	4	1	9	5	7	6	3	8
4	7	5	1	3	6	8	2	9
8	3	6	4	9	2	7	5	1
1	2	9	5	7	8	3	6	4
9	8	4	7	6	5	2	1	3
7	1	2	3	4	9	5	8	6
6	5	3	2	8	1	9	4	7

Puzzle 21 (Easy, difficulty rating 0.42)

6	4	8	7	5	9	3	1	2
7	1	3	4	8	2	9	5	6
5	9	2	1	3	6	7	4	8
1	3	4	6	2	8	5	7	9
9	2	5	3	1	7	8	6	4
8	6	7	5	9	4	1	2	3
4	8	6	9	7	5	2	3	1
2	7	1	8	4	3	6	9	5
3	5	9	2	6	1	4	8	7

Puzzle 22 (Easy, difficulty rating 0.40)

3	1	7	5	6	9	8	2	4
5	9	8	2	7	4	6	1	3
4	6	2	3	8	1	9	7	5
8	5	9	4	2	3	7	6	1
7	4	1	8	5	6	2	3	9
2	3	6	1	9	7	5	4	8
9	2	4	6	3	8	1	5	7
6	7	3	9	1	5	4	8	2
1	8	5	7	4	2	3	9	6

Puzzle 23 (Easy, difficulty rating 0.39)

1	3	9	4	6	8	2	5	7
2	4	6	3	7	5	9	1	8
5	8	7	2	1	9	6	3	4
4	7	5	1	2	6	3	8	9
3	9	2	8	4	7	1	6	5
8	6	1	5	9	3	7	4	2
7	5	8	9	3	1	4	2	6
6	1	4	7	8	2	5	9	3
9	2	3	6	5	4	8	7	1

Puzzle 24 (Easy, difficulty rating 0.33)

9	6	2	3	5	4	8	1	7
7	5	8	2	1	6	3	4	9
3	4	1	9	7	8	2	5	6
2	1	4	5	8	9	7	6	3
5	8	3	4	6	7	9	2	1
6	7	9	1	3	2	5	8	4
4	2	5	6	9	3	1	7	8
8	9	6	7	2	1	4	3	5
1	3	7	8	4	5	6	9	2

ANSWERS : EASY

Puzzle 25 (Easy, difficulty rating 0.33)

8	4	7	2	6	9	3	1	5
6	9	5	1	8	3	4	7	2
2	3	1	7	5	4	8	6	9
3	5	2	4	7	1	6	9	8
1	7	6	9	2	8	5	4	3
9	8	4	6	3	5	1	2	7
7	6	8	3	1	2	9	5	4
5	2	9	8	4	6	7	3	1
4	1	3	5	9	7	2	8	6

Puzzle 26 (Easy, difficulty rating 0.38)

6	8	7	2	4	9	3	5	1
1	4	2	7	3	5	9	6	8
5	3	9	6	8	1	2	7	4
7	5	3	4	1	6	8	9	2
8	2	1	9	7	3	6	4	5
4	9	6	5	2	8	7	1	3
2	1	5	3	6	7	4	8	9
3	7	8	1	9	4	5	2	6
9	6	4	8	5	2	1	3	7

Puzzle 27 (Easy, difficulty rating 0.32)

8	9	7	6	3	1	2	5	4
3	6	4	5	8	2	1	7	9
5	2	1	9	7	4	6	8	3
1	4	6	2	5	3	8	9	7
2	5	8	7	9	6	3	4	1
7	3	9	1	4	8	5	6	2
6	7	3	4	2	5	9	1	8
4	8	5	3	1	9	7	2	6
9	1	2	8	6	7	4	3	5

Puzzle 28 (Easy, difficulty rating 0.31)

1	4	6	5	3	8	9	7	2
3	9	5	2	7	4	6	8	1
2	8	7	9	6	1	5	3	4
8	5	1	3	4	9	2	6	7
9	6	4	7	8	2	1	5	3
7	3	2	6	1	5	4	9	8
6	2	3	1	5	7	8	4	9
4	7	9	8	2	6	3	1	5
5	1	8	4	9	3	7	2	6

Puzzle 29 (Easy, difficulty rating 0.43)

3	5	7	8	4	1	9	2	6
4	1	6	2	7	9	3	8	5
8	2	9	5	3	6	4	1	7
9	8	2	7	1	5	6	4	3
6	4	3	9	8	2	7	5	1
5	7	1	4	6	3	2	9	8
7	3	8	1	9	4	5	6	2
1	9	5	6	2	7	8	3	4
2	6	4	3	5	8	1	7	9

Puzzle 30 (Easy, difficulty rating 0.40)

2	9	7	1	3	6	4	8	5
4	3	6	5	8	2	1	9	7
5	1	8	9	7	4	6	3	2
8	6	3	4	5	7	9	2	1
9	7	5	2	1	8	3	6	4
1	4	2	6	9	3	5	7	8
6	2	9	8	4	5	7	1	3
7	8	4	3	6	1	2	5	9
3	5	1	7	2	9	8	4	6

Puzzle 31 (Easy, difficulty rating 0.41)

8	4	7	1	6	9	3	2	5
1	2	5	4	7	3	8	9	6
9	6	3	2	8	5	7	4	1
6	8	9	7	1	4	5	3	2
4	5	2	6	3	8	9	1	7
7	3	1	9	5	2	4	6	8
2	9	8	5	4	6	1	7	3
3	7	6	8	9	1	2	5	4
5	1	4	3	2	7	6	8	9

Puzzle 32 (Easy, difficulty rating 0.36)

7	8	6	2	1	3	4	5	9
3	2	5	8	4	9	6	1	7
1	9	4	6	5	7	8	2	3
9	7	1	4	3	5	2	6	8
8	4	2	7	9	6	1	3	5
6	5	3	1	2	8	7	9	4
4	1	9	5	8	2	3	7	6
5	6	8	3	7	1	9	4	2
2	3	7	9	6	4	5	8	1

Puzzle 33 (Easy, difficulty rating 0.34)

5	3	7	4	6	2	8	1	9
6	1	8	5	9	7	3	4	2
4	9	2	1	8	3	6	7	5
8	7	9	3	2	4	1	5	6
2	5	1	9	7	6	4	3	8
3	4	6	8	5	1	9	2	7
9	8	3	7	1	5	2	6	4
1	6	5	2	4	9	7	8	3
7	2	4	6	3	8	5	9	1

Puzzle 34 (Easy, difficulty rating 0.43)

3	4	2	7	5	9	1	6	8
8	9	6	1	4	2	5	7	3
5	7	1	3	6	8	2	9	4
6	8	5	9	3	7	4	2	1
7	2	4	6	1	5	3	8	9
9	1	3	8	2	4	6	5	7
4	5	7	2	9	3	8	1	6
1	3	8	5	7	6	9	4	2
2	6	9	4	8	1	7	3	5

Puzzle 35 (Easy, difficulty rating 0.43)

3	6	5	1	2	9	8	7	4
7	2	1	8	5	4	6	9	3
8	9	4	6	7	3	5	1	2
4	3	9	5	1	8	7	2	6
2	8	7	4	3	6	1	5	9
5	1	6	2	9	7	3	4	8
6	5	3	9	4	1	2	8	7
1	4	8	7	6	2	9	3	5
9	7	2	3	8	5	4	6	1

Puzzle 36 (Easy, difficulty rating 0.36)

8	3	4	9	6	5	2	7	1
7	9	6	1	4	2	5	3	8
2	1	5	8	7	3	9	6	4
6	4	3	5	2	7	8	1	9
1	8	2	3	9	6	7	4	5
9	5	7	4	8	1	6	2	3
5	7	9	6	3	4	1	8	2
3	6	1	2	5	8	4	9	7
4	2	8	7	1	9	3	5	6

ANSWERS : EASY

Puzzle 37 (Easy, difficulty rating 0.45)

9	2	7	1	6	3	8	4	5
6	1	8	4	5	2	3	7	9
3	5	4	7	9	8	2	6	1
5	4	6	2	7	9	1	8	3
1	8	9	6	3	5	4	2	7
7	3	2	8	4	1	5	9	6
4	9	1	3	2	6	7	5	8
8	7	5	9	1	4	6	3	2
2	6	3	5	8	7	9	1	4

Puzzle 38 (Easy, difficulty rating 0.31)

4	3	2	7	8	6	1	5	9
8	5	6	3	1	9	2	7	4
9	1	7	4	2	5	8	3	6
6	9	8	2	7	3	5	4	1
5	4	1	6	9	8	3	2	7
7	2	3	1	5	4	6	9	8
3	7	5	8	4	1	9	6	2
1	6	4	9	3	2	7	8	5
2	8	9	5	6	7	4	1	3

Puzzle 39 (Easy, difficulty rating 0.36)

6	5	3	8	7	9	4	1	2
9	1	2	4	3	5	8	6	7
4	8	7	2	1	6	3	9	5
3	9	1	7	2	4	6	5	8
5	4	6	3	9	8	7	2	1
7	2	8	6	5	1	9	3	4
2	3	5	9	8	7	1	4	6
1	7	4	5	6	3	2	8	9
8	6	9	1	4	2	5	7	3

Puzzle 40 (Easy, difficulty rating 0.38)

7	4	1	2	8	6	3	5	9
3	2	5	7	9	1	6	4	8
9	6	8	3	5	4	1	2	7
5	8	9	1	7	3	2	6	4
2	7	4	5	6	9	8	1	3
6	1	3	8	4	2	7	9	5
1	5	6	9	3	7	4	8	2
8	3	2	4	1	5	9	7	6
4	9	7	6	2	8	5	3	1

Puzzle 41 (Easy, difficulty rating 0.39)

4	2	1	9	8	5	7	6	3
9	3	8	7	1	6	5	2	4
5	6	7	3	4	2	8	1	9
3	8	5	4	2	7	1	9	6
6	1	2	5	9	8	4	3	7
7	9	4	1	6	3	2	8	5
1	7	3	8	5	9	6	4	2
8	5	6	2	3	4	9	7	1
2	4	9	6	7	1	3	5	8

Puzzle 42 (Easy, difficulty rating 0.28)

7	1	2	9	5	3	8	6	4
5	6	3	4	8	2	7	9	1
4	8	9	7	1	6	3	5	2
1	2	5	6	7	9	4	3	8
9	4	7	5	3	8	1	2	6
8	3	6	2	4	1	9	7	5
6	9	1	3	2	4	5	8	7
3	5	8	1	6	7	2	4	9
2	7	4	8	9	5	6	1	3

Puzzle 43 (Easy, difficulty rating 0.43)

6	1	3	5	2	9	7	8	4
9	8	5	4	7	3	2	1	6
2	7	4	8	1	6	5	9	3
4	5	1	3	6	7	8	2	9
3	6	2	9	5	8	1	4	7
7	9	8	1	4	2	3	6	5
1	4	7	2	9	5	6	3	8
8	2	6	7	3	4	9	5	1
5	3	9	6	8	1	4	7	2

Puzzle 44 (Easy, difficulty rating 0.43)

2	5	7	8	4	1	9	3	6
4	6	3	7	9	5	2	1	8
8	9	1	6	2	3	4	5	7
9	4	2	3	7	6	1	8	5
7	1	8	9	5	2	6	4	3
6	3	5	4	1	8	7	9	2
3	7	4	2	8	9	5	6	1
5	8	9	1	6	7	3	2	4
1	2	6	5	3	4	8	7	9

Puzzle 45 (Easy, difficulty rating 0.39)

6	4	5	8	7	1	2	9	3
8	1	3	2	9	6	5	4	7
9	2	7	5	3	4	1	6	8
1	3	2	7	4	9	6	8	5
4	8	6	3	1	5	9	7	2
7	5	9	6	2	8	4	3	1
5	6	4	1	8	3	7	2	9
2	9	8	4	5	7	3	1	6
3	7	1	9	6	2	8	5	4

Puzzle 46 (Easy, difficulty rating 0.44)

1	8	3	4	7	6	5	2	9
9	5	2	1	3	8	6	4	7
6	4	7	2	9	5	3	8	1
2	9	5	3	6	1	4	7	8
8	6	1	9	4	7	2	5	3
7	3	4	5	8	2	9	1	6
5	2	6	7	1	9	8	3	4
4	1	8	6	2	3	7	9	5
3	7	9	8	5	4	1	6	2

Puzzle 47 (Easy, difficulty rating 0.44)

5	2	9	3	7	8	1	4	6
3	4	8	6	9	1	5	7	2
7	6	1	4	5	2	8	9	3
8	7	2	9	3	6	4	5	1
9	1	6	5	8	4	2	3	7
4	5	3	2	1	7	9	6	8
1	9	7	8	4	3	6	2	5
2	8	4	7	6	5	3	1	9
6	3	5	1	2	9	7	8	4

Puzzle 48 (Easy, difficulty rating 0.42)

8	3	5	4	9	7	2	6	1
7	6	9	8	2	1	5	4	3
2	1	4	6	3	5	7	9	8
5	2	8	9	1	6	3	7	4
1	9	7	2	4	3	8	5	6
6	4	3	7	5	8	1	2	9
9	8	6	3	7	2	4	1	5
4	5	2	1	8	9	6	3	7
3	7	1	5	6	4	9	8	2

ANSWERS : MEDIUM

Puzzle 1 (Medium, difficulty rating 0.45)

9	2	4	3	8	7	5	6	1
5	1	8	6	4	9	7	2	3
6	7	3	2	1	5	9	8	4
8	6	1	4	9	2	3	7	5
2	4	9	5	7	3	8	1	6
3	5	7	1	6	8	2	4	9
4	9	2	7	3	6	1	5	8
1	8	5	9	2	4	6	3	7
7	3	6	8	5	1	4	9	2

Puzzle 2 (Medium, difficulty rating 0.53)

8	5	1	2	3	4	6	9	7
2	3	4	7	6	9	8	5	1
6	7	9	8	1	5	3	4	2
7	4	2	6	8	3	9	1	5
1	9	3	4	5	2	7	8	6
5	8	6	9	7	1	2	3	4
4	1	7	3	9	6	5	2	8
9	6	5	1	2	8	4	7	3
3	2	8	5	4	7	1	6	9

Puzzle 3 (Medium, difficulty rating 0.48)

5	3	8	9	2	7	1	4	6
2	4	9	6	1	3	8	5	7
6	1	7	8	4	5	9	2	3
3	8	1	5	9	6	4	7	2
9	7	5	4	3	2	6	8	1
4	6	2	7	8	1	3	9	5
1	9	3	2	7	4	5	6	8
7	5	4	1	6	8	2	3	9
8	2	6	3	5	9	7	1	4

Puzzle 4 (Medium, difficulty rating 0.47)

9	2	4	7	6	3	8	1	5
7	5	6	4	8	1	2	3	9
3	8	1	9	2	5	6	7	4
5	6	9	2	1	8	3	4	7
2	7	8	3	5	4	1	9	6
4	1	3	6	9	7	5	2	8
1	9	5	8	7	2	4	6	3
8	3	7	1	4	6	9	5	2
6	4	2	5	3	9	7	8	1

Puzzle 5 (Medium, difficulty rating 0.57)

4	1	7	3	8	6	2	5	9
6	3	9	2	7	5	4	8	1
2	5	8	1	4	9	3	6	7
3	6	1	5	9	4	8	7	2
7	9	5	8	2	3	6	1	4
8	4	2	6	1	7	5	9	3
9	7	6	4	3	8	1	2	5
5	2	4	9	6	1	7	3	8
1	8	3	7	5	2	9	4	6

Puzzle 6 (Medium, difficulty rating 0.48)

1	4	9	7	3	2	6	5	8
6	8	3	5	1	9	4	7	2
7	2	5	4	6	8	3	1	9
2	5	7	3	8	4	9	6	1
3	9	8	6	5	1	2	4	7
4	6	1	2	9	7	8	3	5
9	3	6	8	7	5	1	2	4
5	1	4	9	2	6	7	8	3
8	7	2	1	4	3	5	9	6

Puzzle 7 (Medium, difficulty rating 0.50)

9	3	4	5	1	8	7	6	2
5	7	6	3	4	2	8	1	9
8	1	2	9	7	6	4	3	5
1	2	8	4	6	5	3	9	7
6	9	5	7	2	3	1	8	4
7	4	3	1	8	9	5	2	6
3	5	7	2	9	1	6	4	8
2	8	1	6	5	4	9	7	3
4	6	9	8	3	7	2	5	1

Puzzle 8 (Medium, difficulty rating 0.47)

8	3	5	9	4	6	1	7	2
7	4	6	2	1	5	3	8	9
1	9	2	7	3	8	5	6	4
6	2	3	1	8	9	7	4	5
5	1	7	4	2	3	6	9	8
9	8	4	5	6	7	2	1	3
3	6	1	8	5	4	9	2	7
2	7	8	3	9	1	4	5	6
4	5	9	6	7	2	8	3	1

Puzzle 9 (Medium, difficulty rating 0.60)

1	2	9	6	3	5	8	7	4
7	6	5	9	8	4	2	3	1
3	4	8	2	1	7	6	5	9
5	1	3	4	9	8	7	6	2
2	9	7	3	6	1	4	8	5
4	8	6	7	5	2	9	1	3
9	3	2	1	7	6	5	4	8
8	7	4	5	2	3	1	9	6
6	5	1	8	4	9	3	2	7

Puzzle 10 (Medium, difficulty rating 0.53)

2	5	3	4	9	1	6	7	8
6	1	4	8	7	5	2	9	3
9	8	7	2	6	3	5	1	4
7	3	2	1	5	9	4	8	6
5	6	8	7	4	2	1	3	9
1	4	9	6	3	8	7	5	2
4	2	5	9	8	7	3	6	1
3	9	1	5	2	6	8	4	7
8	7	6	3	1	4	9	2	5

Puzzle 11 (Medium, difficulty rating 0.48)

1	3	5	9	4	7	6	2	8
9	2	7	8	1	6	5	3	4
8	4	6	5	2	3	9	7	1
2	5	3	4	9	8	7	1	6
6	8	1	3	7	5	2	4	9
7	9	4	2	6	1	8	5	3
5	7	9	1	8	4	3	6	2
4	6	8	7	3	2	1	9	5
3	1	2	6	5	9	4	8	7

Puzzle 12 (Medium, difficulty rating 0.56)

9	7	8	5	4	1	2	6	3
6	3	5	7	8	2	1	9	4
2	1	4	9	6	3	8	7	5
3	5	9	4	2	7	6	1	8
4	6	7	3	1	8	9	5	2
1	8	2	6	9	5	4	3	7
8	2	3	1	7	6	5	4	9
7	9	1	2	5	4	3	8	6
5	4	6	8	3	9	7	2	1

ANSWERS : MEDIUM

Puzzle 13 (Medium, difficulty rating 0.55)

3	8	1	4	9	6	5	2	7
7	4	9	2	1	5	8	3	6
2	6	5	8	7	3	9	1	4
5	3	7	1	6	8	4	9	2
1	9	4	3	5	2	6	7	8
8	2	6	7	4	9	1	5	3
9	7	3	6	8	1	2	4	5
4	1	8	5	2	7	3	6	9
6	5	2	9	3	4	7	8	1

Puzzle 14 (Medium, difficulty rating 0.50)

6	1	4	9	2	7	5	3	8
8	9	3	6	5	1	7	4	2
2	5	7	4	8	3	9	1	6
4	6	5	2	7	8	1	9	3
1	2	8	3	4	9	6	5	7
3	7	9	1	6	5	2	8	4
5	4	2	8	9	6	3	7	1
7	8	1	5	3	2	4	6	9
9	3	6	7	1	4	8	2	5

Puzzle 15 (Medium, difficulty rating 0.58)

7	6	9	3	5	4	1	2	8
3	5	8	2	9	1	6	4	7
1	2	4	6	7	8	5	3	9
9	1	3	5	2	6	8	7	4
5	4	6	8	3	7	2	9	1
2	8	7	1	4	9	3	5	6
8	9	2	4	1	3	7	6	5
4	3	1	7	6	5	9	8	2
6	7	5	9	8	2	4	1	3

Puzzle 16 (Medium, difficulty rating 0.47)

5	7	6	2	8	9	1	4	3
1	3	9	4	7	5	6	8	2
8	4	2	1	6	3	9	5	7
9	8	4	7	2	6	3	1	5
3	6	7	8	5	1	4	2	9
2	1	5	3	9	4	7	6	8
7	2	1	6	3	8	5	9	4
4	9	8	5	1	7	2	3	6
6	5	3	9	4	2	8	7	1

Puzzle 17 (Medium, difficulty rating 0.56)

1	3	7	5	8	2	9	6	4
8	2	5	4	9	6	1	7	3
6	4	9	7	3	1	8	5	2
5	7	2	1	4	9	3	8	6
4	1	6	3	5	8	7	2	9
3	9	8	2	6	7	4	1	5
7	5	1	9	2	3	6	4	8
2	8	3	6	7	4	5	9	1
9	6	4	8	1	5	2	3	7

Puzzle 18 (Medium, difficulty rating 0.47)

9	5	8	7	1	6	2	4	3
2	4	6	3	5	8	9	7	1
3	7	1	9	4	2	8	6	5
8	6	5	4	7	1	3	2	9
4	3	2	5	8	9	7	1	6
1	9	7	2	6	3	4	5	8
5	1	9	8	2	4	6	3	7
7	8	4	6	3	5	1	9	2
6	2	3	1	9	7	5	8	4

Puzzle 19 (Medium, difficulty rating 0.52)

2	9	4	8	1	6	3	7	5
1	5	7	4	3	2	6	9	8
8	6	3	9	7	5	4	1	2
5	8	1	2	9	3	7	4	6
9	7	2	6	8	4	1	5	3
3	4	6	1	5	7	2	8	9
7	3	8	5	2	1	9	6	4
6	2	9	7	4	8	5	3	1
4	1	5	3	6	9	8	2	7

Puzzle 20 (Medium, difficulty rating 0.53)

3	8	9	6	7	1	5	4	2
2	5	1	9	3	4	8	7	6
6	4	7	2	8	5	9	3	1
9	7	6	3	1	2	4	5	8
5	1	4	8	9	7	6	2	3
8	3	2	5	4	6	7	1	9
1	6	3	7	5	9	2	8	4
4	9	5	1	2	8	3	6	7
7	2	8	4	6	3	1	9	5

Puzzle 21 (Medium, difficulty rating 0.51)

5	7	4	3	8	9	1	6	2
1	9	3	6	7	2	4	8	5
2	8	6	5	1	4	7	9	3
3	1	5	7	2	8	6	4	9
7	6	8	9	4	5	3	2	1
9	4	2	1	3	6	5	7	8
8	2	1	4	5	7	9	3	6
4	5	9	2	6	3	8	1	7
6	3	7	8	9	1	2	5	4

Puzzle 22 (Medium, difficulty rating 0.51)

3	2	1	4	6	9	5	7	8
6	5	9	8	7	2	3	1	4
8	4	7	5	3	1	9	6	2
4	6	2	3	9	5	1	8	7
9	1	5	7	2	8	4	3	6
7	3	8	1	4	6	2	9	5
1	8	6	2	5	3	7	4	9
5	9	4	6	1	7	8	2	3
2	7	3	9	8	4	6	5	1

Puzzle 23 (Medium, difficulty rating 0.57)

5	2	6	3	8	7	4	1	9
8	3	1	4	2	9	5	6	7
9	7	4	5	6	1	8	3	2
2	8	5	1	4	6	7	9	3
1	6	9	8	7	3	2	4	5
3	4	7	9	5	2	1	8	6
7	1	2	6	3	4	9	5	8
4	5	3	2	9	8	6	7	1
6	9	8	7	1	5	3	2	4

Puzzle 24 (Medium, difficulty rating 0.46)

1	9	4	8	6	5	2	3	7
7	3	5	4	1	2	9	6	8
8	6	2	3	9	7	1	4	5
9	2	1	7	4	8	3	5	6
6	7	8	5	3	1	4	2	9
4	5	3	9	2	6	8	7	1
3	8	9	6	5	4	7	1	2
2	4	6	1	7	9	5	8	3
5	1	7	2	8	3	6	9	4

ANSWERS : MEDIUM

Puzzle 25 (Medium, difficulty rating 0.50)

1	8	5	7	4	9	2	3	6
7	9	4	2	6	3	8	5	1
3	6	2	8	1	5	7	4	9
9	4	7	1	3	8	5	6	2
5	2	1	9	7	6	3	8	4
8	3	6	5	2	4	1	9	7
6	1	3	4	5	2	9	7	8
2	5	8	6	9	7	4	1	3
4	7	9	3	8	1	6	2	5

Puzzle 26 (Medium, difficulty rating 0.54)

8	4	6	2	7	5	3	9	1
1	2	7	9	3	4	5	6	8
5	9	3	1	6	8	2	4	7
6	8	9	5	4	2	7	1	3
7	5	1	6	9	3	8	2	4
4	3	2	8	1	7	6	5	9
2	7	4	3	5	9	1	8	6
3	6	5	4	8	1	9	7	2
9	1	8	7	2	6	4	3	5

Puzzle 27 (Medium, difficulty rating 0.51)

9	8	1	2	7	6	5	3	4
7	3	2	9	4	5	1	6	8
5	6	4	3	8	1	2	9	7
4	5	7	1	6	9	3	8	2
1	2	3	8	5	7	6	4	9
8	9	6	4	2	3	7	1	5
2	7	9	6	3	8	4	5	1
6	1	5	7	9	4	8	2	3
3	4	8	5	1	2	9	7	6

Puzzle 28 (Medium, difficulty rating 0.54)

8	3	7	6	1	5	9	2	4
2	6	5	4	9	3	1	8	7
4	1	9	7	8	2	5	3	6
9	7	1	2	6	4	3	5	8
3	4	2	9	5	8	7	6	1
5	8	6	3	7	1	2	4	9
1	2	3	8	4	9	6	7	5
6	5	4	1	2	7	8	9	3
7	9	8	5	3	6	4	1	2

Puzzle 29 (Medium, difficulty rating 0.54)

3	6	8	5	7	4	9	2	1
7	1	9	3	2	6	4	5	8
5	4	2	9	1	8	3	7	6
8	7	5	4	6	3	1	9	2
4	3	1	2	9	7	6	8	5
9	2	6	8	5	1	7	4	3
2	5	7	1	3	9	8	6	4
1	9	4	6	8	2	5	3	7
6	8	3	7	4	5	2	1	9

Puzzle 30 (Medium, difficulty rating 0.54)

3	6	9	4	2	8	5	7	1
8	4	7	5	1	3	2	9	6
5	1	2	6	7	9	4	8	3
6	7	8	9	3	5	1	4	2
1	9	5	7	4	2	6	3	8
4	2	3	1	8	6	7	5	9
7	8	4	3	6	1	9	2	5
9	3	6	2	5	4	8	1	7
2	5	1	8	9	7	3	6	4

Puzzle 31 (Medium, difficulty rating 0.52)

7	2	1	5	3	9	8	4	6
8	9	5	6	7	4	3	1	2
4	3	6	2	1	8	9	5	7
2	6	8	3	5	1	7	9	4
9	7	3	4	2	6	1	8	5
1	5	4	8	9	7	6	2	3
6	8	9	7	4	2	5	3	1
5	1	2	9	6	3	4	7	8
3	4	7	1	8	5	2	6	9

Puzzle 32 (Medium, difficulty rating 0.51)

4	5	7	1	2	8	9	3	6
1	3	9	4	6	5	8	2	7
8	2	6	9	7	3	4	1	5
9	1	8	6	5	2	3	7	4
2	4	5	7	3	9	1	6	8
6	7	3	8	1	4	2	5	9
5	8	1	2	9	7	6	4	3
7	6	4	3	8	1	5	9	2
3	9	2	5	4	6	7	8	1

Puzzle 33 (Medium, difficulty rating 0.47)

6	4	3	5	9	8	1	2	7
5	7	9	4	1	2	3	6	8
1	8	2	7	3	6	5	9	4
9	5	1	2	6	4	7	8	3
3	6	8	9	7	5	2	4	1
7	2	4	1	8	3	9	5	6
8	3	7	6	5	9	4	1	2
2	9	6	3	4	1	8	7	5
4	1	5	8	2	7	6	3	9

Puzzle 34 (Medium, difficulty rating 0.53)

9	5	7	2	4	3	1	6	8
3	2	4	6	8	1	5	7	9
8	1	6	7	5	9	2	4	3
1	6	5	3	2	8	7	9	4
7	9	3	1	6	4	8	2	5
2	4	8	9	7	5	3	1	6
6	3	1	8	9	2	4	5	7
5	8	9	4	1	7	6	3	2
4	7	2	5	3	6	9	8	1

Puzzle 35 (Medium, difficulty rating 0.50)

9	6	1	5	8	4	3	2	7
5	3	2	6	1	7	4	8	9
7	8	4	3	9	2	5	1	6
2	5	9	1	7	8	6	4	3
1	4	3	9	2	6	7	5	8
6	7	8	4	5	3	1	9	2
8	1	6	2	3	5	9	7	4
4	9	7	8	6	1	2	3	5
3	2	5	7	4	9	8	6	1

Puzzle 36 (Medium, difficulty rating 0.48)

7	5	2	3	1	6	8	4	9
4	3	6	8	9	5	7	2	1
8	1	9	7	4	2	6	5	3
9	4	8	6	3	7	2	1	5
6	2	1	9	5	8	4	3	7
3	7	5	1	2	4	9	6	8
2	8	4	5	7	1	3	9	6
1	9	7	4	6	3	5	8	2
5	6	3	2	8	9	1	7	4

ANSWERS : MEDIUM

Puzzle 37 (Medium, difficulty rating 0.55)

1	7	6	5	2	9	3	8	4
9	2	5	4	8	3	7	1	6
4	8	3	6	7	1	2	5	9
3	9	2	8	1	4	5	6	7
5	4	7	3	9	6	8	2	1
6	1	8	7	5	2	4	9	3
2	3	9	1	4	5	6	7	8
8	6	1	2	3	7	9	4	5
7	5	4	9	6	8	1	3	2

Puzzle 38 (Medium, difficulty rating 0.52)

3	8	5	4	1	9	6	7	2
7	6	1	3	8	2	9	5	4
9	2	4	5	6	7	8	1	3
8	5	9	2	4	1	3	6	7
4	1	7	9	3	6	2	8	5
6	3	2	7	5	8	1	4	9
1	7	3	8	2	5	4	9	6
5	4	8	6	9	3	7	2	1
2	9	6	1	7	4	5	3	8

Puzzle 39 (Medium, difficulty rating 0.49)

1	7	6	2	3	9	4	5	8
3	2	5	8	4	1	7	6	9
8	9	4	6	7	5	1	2	3
7	8	3	9	2	4	5	1	6
6	1	2	7	5	8	3	9	4
5	4	9	3	1	6	2	8	7
4	6	7	1	9	2	8	3	5
2	3	8	5	6	7	9	4	1
9	5	1	4	8	3	6	7	2

Puzzle 40 (Medium, difficulty rating 0.54)

4	8	7	5	2	1	3	6	9
3	2	5	7	9	6	4	8	1
1	6	9	3	4	8	7	5	2
5	9	1	8	3	4	2	7	6
2	3	6	9	7	5	8	1	4
7	4	8	6	1	2	5	9	3
9	7	4	1	5	3	6	2	8
8	1	3	2	6	7	9	4	5
6	5	2	4	8	9	1	3	7

Puzzle 41 (Medium, difficulty rating 0.47)

5	6	7	8	1	4	3	2	9
9	8	1	3	7	2	6	5	4
4	2	3	9	6	5	8	1	7
1	5	4	6	2	8	7	9	3
3	7	6	5	4	9	1	8	2
2	9	8	1	3	7	4	6	5
7	1	5	4	9	6	2	3	8
8	3	2	7	5	1	9	4	6
6	4	9	2	8	3	5	7	1

Puzzle 42 (Medium, difficulty rating 0.47)

8	2	5	4	6	1	3	9	7
7	1	9	5	8	3	6	4	2
6	4	3	7	9	2	5	8	1
4	5	1	9	7	6	8	2	3
3	8	7	2	4	5	9	1	6
9	6	2	1	3	8	4	7	5
2	9	4	6	5	7	1	3	8
5	7	8	3	1	9	2	6	4
1	3	6	8	2	4	7	5	9

Puzzle 43 (Medium, difficulty rating 0.54)

8	1	7	2	9	5	3	6	4
5	4	6	8	3	7	2	9	1
9	3	2	4	6	1	5	7	8
7	6	9	1	8	2	4	5	3
3	2	8	6	5	4	9	1	7
1	5	4	3	7	9	8	2	6
2	7	3	9	4	6	1	8	5
6	8	1	5	2	3	7	4	9
4	9	5	7	1	8	6	3	2

Puzzle 44 (Medium, difficulty rating 0.56)

5	7	8	1	4	3	9	2	6
2	9	4	6	5	8	3	1	7
6	3	1	9	7	2	8	5	4
9	2	5	3	6	4	1	7	8
7	4	3	8	1	5	6	9	2
1	8	6	7	2	9	4	3	5
3	5	2	4	8	1	7	6	9
8	1	7	2	9	6	5	4	3
4	6	9	5	3	7	2	8	1

Puzzle 45 (Medium, difficulty rating 0.48)

8	3	5	4	9	7	2	6	1
7	6	9	8	2	1	5	4	3
2	1	4	6	3	5	7	9	8
5	2	8	9	1	6	3	7	4
1	9	7	2	4	3	8	5	6
6	4	3	7	5	8	1	2	9
9	8	6	3	7	2	4	1	5
4	5	2	1	8	9	6	3	7
3	7	1	5	6	4	9	8	2

Puzzle 46 (Medium, difficulty rating 0.58)

8	3	6	9	5	7	1	2	4
2	7	1	3	8	4	9	6	5
5	9	4	1	2	6	8	7	3
3	2	7	4	6	1	5	9	8
9	1	8	5	7	3	6	4	2
6	4	5	2	9	8	7	3	1
7	6	2	8	4	5	3	1	9
1	8	9	7	3	2	4	5	6
4	5	3	6	1	9	2	8	7

Puzzle 47 (Medium, difficulty rating 0.45)

8	2	3	6	4	5	7	9	1
6	7	4	1	9	3	5	2	8
9	5	1	7	8	2	4	3	6
4	3	8	5	1	9	2	6	7
5	1	6	3	2	7	9	8	4
7	9	2	8	6	4	3	1	5
2	8	9	4	7	1	6	5	3
1	4	5	9	3	6	8	7	2
3	6	7	2	5	8	1	4	9

Puzzle 48 (Medium, difficulty rating 0.46)

3	2	5	7	8	4	1	9	6
4	1	8	6	5	9	7	3	2
6	9	7	2	1	3	5	4	8
7	5	3	8	9	2	4	6	1
1	4	6	5	3	7	2	8	9
9	8	2	1	4	6	3	7	5
5	7	9	3	2	8	6	1	4
2	3	4	9	6	1	8	5	7
8	6	1	4	7	5	9	2	3

ANSWERS : HARD

Puzzle 1 (Hard, difficulty rating 0.70)

6	7	2	8	5	3	4	9	1
1	9	3	6	4	2	7	8	5
8	5	4	7	1	9	3	2	6
5	2	9	3	8	4	6	1	7
3	4	6	2	7	1	9	5	8
7	8	1	9	6	5	2	3	4
9	6	8	1	3	7	5	4	2
4	3	7	5	2	8	1	6	9
2	1	5	4	9	6	8	7	3

Puzzle 2 (Hard, difficulty rating 0.72)

7	2	1	6	9	5	4	8	3
4	5	6	8	1	3	7	2	9
3	9	8	4	7	2	1	6	5
5	7	2	3	8	6	9	4	1
1	8	4	7	5	9	6	3	2
6	3	9	2	4	1	8	5	7
2	6	7	1	3	8	5	9	4
8	4	5	9	2	7	3	1	6
9	1	3	5	6	4	2	7	8

Puzzle 3 (Hard, difficulty rating 0.70)

9	5	8	3	1	4	2	6	7
2	4	3	7	9	6	5	1	8
7	1	6	8	5	2	3	4	9
1	3	9	6	2	8	7	5	4
8	7	4	5	3	1	9	2	6
5	6	2	9	4	7	8	3	1
6	9	5	4	8	3	1	7	2
4	8	1	2	7	5	6	9	3
3	2	7	1	6	9	4	8	5

Puzzle 4 (Hard, difficulty rating 0.71)

9	5	4	1	8	7	2	3	6
6	7	1	3	5	2	4	9	8
8	2	3	4	9	6	7	1	5
2	1	5	6	3	8	9	4	7
7	9	8	5	4	1	3	6	2
4	3	6	7	2	9	5	8	1
3	8	7	9	6	5	1	2	4
5	4	2	8	1	3	6	7	9
1	6	9	2	7	4	8	5	3

Puzzle 5 (Hard, difficulty rating 0.63)

7	6	5	9	3	4	1	8	2
2	9	3	5	8	1	4	6	7
8	1	4	2	7	6	9	5	3
5	7	1	3	6	9	8	2	4
3	2	8	7	4	5	6	1	9
6	4	9	1	2	8	7	3	5
4	3	7	8	1	2	5	9	6
9	8	2	6	5	7	3	4	1
1	5	6	4	9	3	2	7	8

Puzzle 6 (Hard, difficulty rating 0.62)

6	7	8	9	4	5	1	2	3
4	3	9	8	1	2	5	7	6
1	5	2	6	7	3	8	9	4
8	9	7	1	2	4	3	6	5
3	6	1	7	5	9	4	8	2
5	2	4	3	6	8	9	1	7
9	8	6	5	3	7	2	4	1
7	4	5	2	8	1	6	3	9
2	1	3	4	9	6	7	5	8

Puzzle 7 (Hard, difficulty rating 0.64)

3	4	2	8	1	9	7	5	6
8	7	1	6	3	5	9	2	4
9	6	5	4	2	7	8	3	1
5	1	3	2	6	8	4	7	9
4	9	8	5	7	1	2	6	3
6	2	7	3	9	4	5	1	8
7	8	4	1	5	3	6	9	2
1	5	6	9	8	2	3	4	7
2	3	9	7	4	6	1	8	5

Puzzle 8 (Hard, difficulty rating 0.61)

5	3	2	8	4	1	7	9	6
4	6	7	5	2	9	3	8	1
1	9	8	3	7	6	5	2	4
8	2	6	7	5	3	1	4	9
3	4	9	1	6	2	8	7	5
7	5	1	9	8	4	6	3	2
2	8	4	6	1	7	9	5	3
9	1	5	4	3	8	2	6	7
6	7	3	2	9	5	4	1	8

Puzzle 9 (Hard, difficulty rating 0.63)

1	4	3	9	7	2	6	5	8
8	9	7	3	5	6	4	1	2
5	2	6	4	1	8	9	3	7
4	6	5	8	3	9	7	2	1
9	3	2	1	6	7	8	4	5
7	8	1	5	2	4	3	6	9
6	5	4	7	8	1	2	9	3
2	1	8	6	9	3	5	7	4
3	7	9	2	4	5	1	8	6

Puzzle 10 (Hard, difficulty rating 0.70)

4	9	1	8	2	3	6	5	7
8	3	5	6	7	1	4	2	9
2	6	7	4	5	9	3	1	8
9	5	4	3	8	2	7	6	1
6	1	2	5	9	7	8	4	3
3	7	8	1	4	6	2	9	5
1	2	9	7	6	8	5	3	4
7	4	6	9	3	5	1	8	2
5	8	3	2	1	4	9	7	6

Puzzle 11 (Hard, difficulty rating 0.63)

4	5	6	9	1	7	8	2	3
2	3	7	4	5	8	1	9	6
8	9	1	3	6	2	7	5	4
7	6	9	2	3	4	5	8	1
5	1	2	7	8	6	4	3	9
3	4	8	5	9	1	6	7	2
9	7	3	1	4	5	2	6	8
1	8	5	6	2	3	9	4	7
6	2	4	8	7	9	3	1	5

Puzzle 12 (Hard, difficulty rating 0.64)

3	9	1	5	7	8	4	2	6
7	5	2	4	9	6	3	1	8
8	4	6	2	1	3	5	9	7
9	2	3	6	5	7	1	8	4
5	8	4	3	2	1	7	6	9
6	1	7	8	4	9	2	3	5
1	6	9	7	3	5	8	4	2
2	3	5	9	8	4	6	7	1
4	7	8	1	6	2	9	5	3

ANSWERS : HARD

Puzzle 13 (Hard, difficulty rating 0.68)

7	8	5	4	2	1	6	3	9
3	2	4	9	8	6	1	7	5
6	9	1	3	5	7	2	8	4
1	7	3	6	4	8	9	5	2
9	5	6	7	3	2	8	4	1
2	4	8	1	9	5	7	6	3
4	3	7	2	6	9	5	1	8
5	6	2	8	1	4	3	9	7
8	1	9	5	7	3	4	2	6

Puzzle 14 (Hard, difficulty rating 0.62)

4	2	6	7	9	8	1	3	5
5	8	7	3	6	1	2	4	9
3	9	1	5	2	4	8	6	7
7	4	9	8	3	6	5	1	2
8	6	5	1	7	2	3	9	4
2	1	3	4	5	9	6	7	8
1	3	8	2	4	7	9	5	6
9	5	4	6	8	3	7	2	1
6	7	2	9	1	5	4	8	3

Puzzle 15 (Hard, difficulty rating 0.63)

8	2	7	6	4	5	1	9	3
9	1	6	7	3	2	4	5	8
3	4	5	9	1	8	2	7	6
1	8	3	5	2	4	7	6	9
2	5	9	1	7	6	8	3	4
7	6	4	3	8	9	5	2	1
4	3	8	2	6	7	9	1	5
6	9	2	8	5	1	3	4	7
5	7	1	4	9	3	6	8	2

Puzzle 16 (Hard, difficulty rating 0.67)

8	6	3	2	5	9	7	1	4
4	2	5	1	6	7	9	3	8
7	9	1	4	3	8	2	6	5
6	1	2	8	4	5	3	9	7
9	8	4	6	7	3	1	5	2
3	5	7	9	1	2	8	4	6
5	4	8	7	9	1	6	2	3
1	7	6	3	2	4	5	8	9
2	3	9	5	8	6	4	7	1

Puzzle 17 (Hard, difficulty rating 0.70)

5	9	2	1	3	4	8	7	6
1	6	7	9	8	2	5	3	4
8	3	4	7	6	5	9	1	2
3	1	9	4	2	7	6	8	5
6	7	5	8	1	9	4	2	3
2	4	8	6	5	3	7	9	1
7	2	3	5	4	8	1	6	9
4	8	1	2	9	6	3	5	7
9	5	6	3	7	1	2	4	8

Puzzle 18 (Hard, difficulty rating 0.64)

1	8	7	2	3	9	4	5	6
2	9	6	1	5	4	3	8	7
4	5	3	6	8	7	9	2	1
6	7	5	8	9	2	1	4	3
9	4	8	5	1	3	6	7	2
3	1	2	4	7	6	8	9	5
5	2	9	3	6	8	7	1	4
8	6	4	7	2	1	5	3	9
7	3	1	9	4	5	2	6	8

Puzzle 19 (Hard, difficulty rating 0.60)

1	4	8	5	2	6	7	9	3
2	3	7	1	8	9	4	6	5
6	5	9	4	7	3	1	8	2
8	6	5	3	1	7	9	2	4
7	1	4	2	9	5	6	3	8
9	2	3	6	4	8	5	7	1
3	7	2	9	5	4	8	1	6
4	8	1	7	6	2	3	5	9
5	9	6	8	3	1	2	4	7

Puzzle 20 (Hard, difficulty rating 0.69)

8	2	6	9	3	1	5	4	7
7	1	3	5	4	8	9	2	6
9	4	5	6	2	7	1	3	8
4	6	2	7	1	3	8	5	9
1	8	7	2	5	9	3	6	4
3	5	9	4	8	6	2	7	1
6	7	1	3	9	2	4	8	5
2	9	4	8	6	5	7	1	3
5	3	8	1	7	4	6	9	2

Puzzle 21 (Hard, difficulty rating 0.72)

5	9	8	3	4	2	7	1	6
2	7	6	9	1	5	8	3	4
1	4	3	7	6	8	5	9	2
8	5	4	1	2	7	9	6	3
9	6	2	8	5	3	4	7	1
3	1	7	4	9	6	2	5	8
6	8	5	2	7	1	3	4	9
4	3	1	5	8	9	6	2	7
7	2	9	6	3	4	1	8	5

Puzzle 22 (Hard, difficulty rating 0.69)

9	7	8	2	6	1	3	5	4
5	4	6	7	3	8	2	9	1
1	2	3	9	5	4	8	7	6
7	8	4	1	2	3	5	6	9
6	3	1	5	4	9	7	2	8
2	5	9	6	8	7	1	4	3
8	9	5	3	7	6	4	1	2
4	1	2	8	9	5	6	3	7
3	6	7	4	1	2	9	8	5

Puzzle 23 (Hard, difficulty rating 0.74)

4	7	1	2	3	9	8	6	5
8	5	9	6	7	4	2	3	1
3	2	6	8	5	1	4	9	7
5	1	7	4	8	3	9	2	6
2	6	8	9	1	7	3	5	4
9	4	3	5	2	6	1	7	8
1	3	4	7	6	2	5	8	9
6	9	5	3	4	8	7	1	2
7	8	2	1	9	5	6	4	3

Puzzle 24 (Hard, difficulty rating 0.68)

3	8	2	9	4	7	6	1	5
5	1	4	6	8	2	7	3	9
7	6	9	3	5	1	2	8	4
6	5	3	8	7	4	9	2	1
1	9	8	5	2	3	4	6	7
4	2	7	1	6	9	8	5	3
9	7	5	2	1	6	3	4	8
8	3	6	4	9	5	1	7	2
2	4	1	7	3	8	5	9	6

ANSWERS : HARD

Puzzle 25 (Hard, difficulty rating 0.68)

4	1	6	7	2	8	3	5	9
8	5	2	1	9	3	7	4	6
7	3	9	6	5	4	8	1	2
6	4	5	9	8	7	2	3	1
9	2	7	3	1	6	5	8	4
1	8	3	5	4	2	9	6	7
2	9	8	4	3	1	6	7	5
5	7	4	8	6	9	1	2	3
3	6	1	2	7	5	4	9	8

Puzzle 26 (Hard, difficulty rating 0.61)

1	2	4	9	5	3	8	6	7
6	3	5	2	8	7	4	9	1
7	9	8	1	6	4	5	2	3
8	5	1	4	3	6	2	7	9
2	7	6	5	1	9	3	8	4
9	4	3	7	2	8	1	5	6
5	6	9	3	4	2	7	1	8
3	8	2	6	7	1	9	4	5
4	1	7	8	9	5	6	3	2

Puzzle 27 (Hard, difficulty rating 0.71)

6	1	9	3	8	7	5	2	4
2	7	8	4	6	5	1	3	9
4	3	5	1	2	9	6	7	8
8	2	4	9	5	1	3	6	7
1	9	6	2	7	3	8	4	5
3	5	7	6	4	8	2	9	1
9	8	3	7	1	2	4	5	6
5	6	2	8	9	4	7	1	3
7	4	1	5	3	6	9	8	2

Puzzle 28 (Hard, difficulty rating 0.64)

6	8	9	4	2	5	1	7	3
1	4	2	9	3	7	6	5	8
7	3	5	6	1	8	9	4	2
8	7	6	1	5	4	3	2	9
5	9	3	2	7	6	4	8	1
4	2	1	3	8	9	5	6	7
2	6	7	5	9	3	8	1	4
3	1	4	8	6	2	7	9	5
9	5	8	7	4	1	2	3	6

Puzzle 29 (Hard, difficulty rating 0.60)

5	3	9	4	7	6	1	2	8
1	7	6	8	2	5	3	9	4
8	4	2	3	9	1	5	6	7
4	2	8	1	5	7	6	3	9
6	1	3	2	4	9	7	8	5
9	5	7	6	8	3	2	4	1
7	6	1	9	3	8	4	5	2
2	8	5	7	6	4	9	1	3
3	9	4	5	1	2	8	7	6

Puzzle 30 (Hard, difficulty rating 0.65)

5	1	7	4	2	8	9	6	3
4	6	2	9	5	3	1	7	8
3	9	8	7	1	6	4	2	5
1	8	5	6	3	2	7	9	4
2	3	9	1	4	7	5	8	6
7	4	6	5	8	9	3	1	2
6	2	1	3	9	5	8	4	7
9	7	3	8	6	4	2	5	1
8	5	4	2	7	1	6	3	9

Puzzle 31 (Hard, difficulty rating 0.73)

1	2	6	3	5	8	9	4	7
3	4	8	1	7	9	6	2	5
5	7	9	4	2	6	8	3	1
4	8	3	5	9	7	1	6	2
7	6	2	8	4	1	5	9	3
9	5	1	2	6	3	7	8	4
6	1	7	9	3	4	2	5	8
8	3	5	6	1	2	4	7	9
2	9	4	7	8	5	3	1	6

Puzzle 32 (Hard, difficulty rating 0.67)

6	7	9	4	3	2	5	8	1
1	4	3	8	7	5	6	9	2
2	8	5	9	6	1	7	3	4
3	9	6	2	1	4	8	5	7
7	2	4	3	5	8	1	6	9
5	1	8	7	9	6	2	4	3
8	3	1	6	2	9	4	7	5
9	6	2	5	4	7	3	1	8
4	5	7	1	8	3	9	2	6

Puzzle 33 (Hard, difficulty rating 0.61)

2	9	5	8	3	7	4	1	6
3	6	4	9	5	1	2	8	7
8	1	7	6	2	4	9	5	3
5	4	9	3	6	8	1	7	2
6	2	1	7	4	5	8	3	9
7	3	8	2	1	9	5	6	4
9	5	6	4	8	3	7	2	1
1	7	2	5	9	6	3	4	8
4	8	3	1	7	2	6	9	5

Puzzle 34 (Hard, difficulty rating 0.69)

7	4	5	8	1	2	9	6	3
8	3	2	6	5	9	7	1	4
6	1	9	4	3	7	2	8	5
1	2	8	9	4	5	6	3	7
3	9	6	7	2	8	4	5	1
4	5	7	1	6	3	8	2	9
5	8	4	2	7	1	3	9	6
9	6	3	5	8	4	1	7	2
2	7	1	3	9	6	5	4	8

Puzzle 35 (Hard, difficulty rating 0.71)

8	9	2	4	6	5	7	3	1
5	3	6	1	7	2	4	8	9
1	7	4	9	8	3	6	2	5
7	2	9	8	5	4	3	1	6
4	6	1	3	2	9	8	5	7
3	8	5	7	1	6	9	4	2
6	1	8	5	4	7	2	9	3
2	4	3	6	9	1	5	7	8
9	5	7	2	3	8	1	6	4

Puzzle 36 (Hard, difficulty rating 0.65)

7	2	8	5	1	4	3	9	6
9	4	1	8	3	6	2	5	7
6	5	3	2	7	9	1	8	4
3	6	9	1	8	7	4	2	5
4	1	5	3	6	2	8	7	9
8	7	2	9	4	5	6	3	1
5	9	4	6	2	8	7	1	3
2	3	7	4	5	1	9	6	8
1	8	6	7	9	3	5	4	2

ANSWERS : HARD

Puzzle 37 (Hard, difficulty rating 0.66)

8	6	1	2	9	4	5	7	3
4	7	5	3	1	8	6	9	2
3	9	2	5	6	7	8	1	4
2	3	6	4	5	9	7	8	1
1	5	4	7	8	3	2	6	9
9	8	7	6	2	1	3	4	5
5	2	9	1	7	6	4	3	8
6	4	8	9	3	2	1	5	7
7	1	3	8	4	5	9	2	6

Puzzle 38 (Hard, difficulty rating 0.71)

8	2	3	9	1	4	6	5	7
5	1	6	7	3	2	8	4	9
7	4	9	8	5	6	2	3	1
6	7	4	2	9	5	1	8	3
3	9	5	1	4	8	7	6	2
2	8	1	3	6	7	4	9	5
1	5	8	4	7	9	3	2	6
9	3	2	6	8	1	5	7	4
4	6	7	5	2	3	9	1	8

Puzzle 39 (Hard, difficulty rating 0.63)

9	5	6	2	1	3	7	8	4
4	3	2	7	5	8	9	6	1
7	1	8	4	9	6	2	5	3
8	2	5	3	7	1	6	4	9
3	9	7	5	6	4	8	1	2
1	6	4	8	2	9	3	7	5
5	8	1	9	3	7	4	2	6
2	4	3	6	8	5	1	9	7
6	7	9	1	4	2	5	3	8

Puzzle 40 (Hard, difficulty rating 0.63)

5	1	3	6	8	4	2	7	9
4	7	9	5	3	2	1	8	6
2	8	6	1	9	7	3	5	4
6	4	1	3	5	8	7	9	2
7	2	5	9	4	6	8	3	1
3	9	8	7	2	1	6	4	5
1	6	4	8	7	9	5	2	3
9	3	7	2	1	5	4	6	8
8	5	2	4	6	3	9	1	7

Puzzle 41 (Hard, difficulty rating 0.63)

6	5	7	9	4	3	2	8	1
3	4	2	1	7	8	5	6	9
8	1	9	2	6	5	4	3	7
1	3	8	4	5	6	7	9	2
9	2	4	7	3	1	8	5	6
5	7	6	8	2	9	3	1	4
7	8	1	3	9	4	6	2	5
4	9	5	6	8	2	1	7	3
2	6	3	5	1	7	9	4	8

Puzzle 42 (Hard, difficulty rating 0.63)

8	1	7	6	5	4	3	2	9
4	9	5	3	2	8	7	6	1
6	2	3	9	1	7	4	5	8
1	3	2	5	8	9	6	7	4
9	7	4	1	6	2	8	3	5
5	8	6	4	7	3	9	1	2
3	6	1	8	4	5	2	9	7
2	4	9	7	3	1	5	8	6
7	5	8	2	9	6	1	4	3

Puzzle 43 (Hard, difficulty rating 0.64)

4	9	6	8	1	3	5	7	2
7	1	3	4	5	2	9	6	8
5	8	2	9	7	6	3	4	1
1	6	7	5	3	9	2	8	4
8	3	4	6	2	1	7	5	9
2	5	9	7	4	8	6	1	3
6	7	8	2	9	4	1	3	5
3	2	5	1	8	7	4	9	6
9	4	1	3	6	5	8	2	7

Puzzle 44 (Hard, difficulty rating 0.69)

9	8	7	2	6	1	3	4	5
1	6	4	3	8	5	2	9	7
5	3	2	7	9	4	1	8	6
7	2	9	1	4	6	5	3	8
8	4	6	5	3	7	9	1	2
3	5	1	9	2	8	7	6	4
2	9	8	4	5	3	6	7	1
6	7	3	8	1	2	4	5	9
4	1	5	6	7	9	8	2	3

Puzzle 45 (Hard, difficulty rating 0.63)

7	3	5	1	2	6	9	4	8
4	6	2	8	9	3	7	1	5
1	8	9	4	7	5	2	6	3
6	9	7	3	4	8	5	2	1
3	4	8	2	5	1	6	9	7
5	2	1	7	6	9	3	8	4
9	5	4	6	1	7	8	3	2
8	1	6	5	3	2	4	7	9
2	7	3	9	8	4	1	5	6

Puzzle 46 (Hard, difficulty rating 0.72)

5	2	3	4	7	1	6	8	9
1	7	8	6	9	3	2	5	4
9	6	4	5	8	2	7	1	3
6	8	9	2	1	4	3	7	5
3	1	2	9	5	7	8	4	6
4	5	7	8	3	6	1	9	2
8	3	6	1	4	5	9	2	7
2	4	1	7	6	9	5	3	8
7	9	5	3	2	8	4	6	1

Puzzle 47 (Hard, difficulty rating 0.61)

8	3	6	9	5	7	1	2	4
2	7	1	3	8	4	9	6	5
5	9	4	1	2	6	8	7	3
3	2	7	4	6	1	5	9	8
9	1	8	5	7	3	6	4	2
6	4	5	2	9	8	7	3	1
7	6	2	8	4	5	3	1	9
1	8	9	7	3	2	4	5	6
4	5	3	6	1	9	2	8	7

Puzzle 48 (Hard, difficulty rating 0.62)

4	6	1	2	3	5	8	9	7
9	3	2	8	1	7	5	6	4
5	7	8	4	9	6	3	1	2
8	9	5	6	2	3	7	4	1
6	2	3	7	4	1	9	8	5
1	4	7	9	5	8	6	2	3
7	5	9	1	8	4	2	3	6
3	8	4	5	6	2	1	7	9
2	1	6	3	7	9	4	5	8

ANSWERS : VERY HARD

Puzzle 1 (Very hard, difficulty rating 0.76)

6	5	3	1	4	7	9	8	2
4	1	9	8	2	6	5	3	7
7	2	8	9	3	5	6	1	4
5	9	6	4	8	3	7	2	1
8	4	1	7	5	2	3	6	9
3	7	2	6	9	1	4	5	8
1	8	4	5	6	9	2	7	3
2	6	7	3	1	4	8	9	5
9	3	5	2	7	8	1	4	6

Puzzle 2 (Very hard, difficulty rating 0.91)

5	4	1	3	2	6	7	8	9
2	6	8	7	1	9	3	4	5
9	3	7	4	8	5	1	2	6
8	7	9	2	6	3	5	1	4
1	5	6	8	4	7	2	9	3
4	2	3	9	5	1	8	6	7
6	9	5	1	3	8	4	7	2
3	1	2	6	7	4	9	5	8
7	8	4	5	9	2	6	3	1

Puzzle 3 (Very hard, difficulty rating 0.78)

7	2	3	9	8	4	1	5	6
1	5	4	6	7	3	2	9	8
8	6	9	1	5	2	7	3	4
4	8	7	3	9	1	6	2	5
3	1	5	7	2	6	8	4	9
2	9	6	8	4	5	3	1	7
9	3	2	5	6	8	4	7	1
6	7	1	4	3	9	5	8	2
5	4	8	2	1	7	9	6	3

Puzzle 4 (Very hard, difficulty rating 0.84)

5	1	8	2	7	9	4	3	6
4	7	2	6	3	5	9	8	1
3	6	9	8	4	1	7	2	5
6	9	4	7	1	2	3	5	8
2	8	5	3	6	4	1	7	9
7	3	1	9	5	8	2	6	4
8	2	6	1	9	3	5	4	7
1	4	3	5	8	7	6	9	2
9	5	7	4	2	6	8	1	3

Puzzle 5 (Very hard, difficulty rating 0.87)

9	7	8	2	3	4	1	5	6
1	2	3	5	9	6	4	8	7
4	5	6	1	8	7	3	9	2
6	8	9	4	2	1	5	7	3
3	4	2	8	7	5	9	6	1
5	1	7	9	6	3	2	4	8
7	9	1	6	5	2	8	3	4
8	3	4	7	1	9	6	2	5
2	6	5	3	4	8	7	1	9

Puzzle 6 (Very hard, difficulty rating 0.76)

7	1	3	6	9	5	4	2	8
8	2	5	4	1	3	9	6	7
6	4	9	7	8	2	1	5	3
5	9	2	1	3	7	8	4	6
4	6	1	8	5	9	3	7	2
3	7	8	2	4	6	5	9	1
1	3	7	9	6	4	2	8	5
9	5	6	3	2	8	7	1	4
2	8	4	5	7	1	6	3	9

Puzzle 7 (Very hard, difficulty rating 0.93)

1	8	2	5	7	4	9	6	3
6	9	4	2	8	3	7	5	1
3	5	7	1	6	9	8	2	4
7	3	8	9	1	6	5	4	2
9	2	1	4	5	7	6	3	8
5	4	6	8	3	2	1	9	7
4	7	3	6	9	1	2	8	5
2	6	5	7	4	8	3	1	9
8	1	9	3	2	5	4	7	6

Puzzle 8 (Very hard, difficulty rating 0.88)

9	2	5	1	3	4	6	7	8
8	6	4	7	2	9	5	3	1
3	1	7	6	8	5	9	4	2
1	9	8	3	5	7	2	6	4
7	3	6	4	1	2	8	9	5
5	4	2	9	6	8	7	1	3
6	8	1	2	9	3	4	5	7
4	5	3	8	7	6	1	2	9
2	7	9	5	4	1	3	8	6

Puzzle 9 (Very hard, difficulty rating 0.86)

4	7	3	5	2	1	6	9	8
5	9	2	6	8	4	7	1	3
8	1	6	9	3	7	4	5	2
7	3	4	1	5	8	2	6	9
1	2	5	4	6	9	3	8	7
6	8	9	3	7	2	5	4	1
2	6	7	8	1	5	9	3	4
9	5	8	7	4	3	1	2	6
3	4	1	2	9	6	8	7	5

Puzzle 10 (Very hard, difficulty rating 0.84)

7	2	5	9	3	4	1	6	8
9	8	6	2	1	7	5	3	4
3	4	1	8	6	5	9	2	7
5	9	4	1	8	6	2	7	3
2	6	3	7	5	9	8	4	1
1	7	8	4	2	3	6	9	5
6	3	9	5	7	1	4	8	2
8	1	7	6	4	2	3	5	9
4	5	2	3	9	8	7	1	6

Puzzle 11 (Very hard, difficulty rating 0.76)

1	9	4	8	6	5	2	3	7
7	3	5	4	1	2	9	6	8
8	6	2	3	9	7	1	4	5
9	2	1	7	4	8	3	5	6
6	7	8	5	3	1	4	2	9
4	5	3	9	2	6	8	7	1
3	8	9	6	5	4	7	1	2
2	4	6	1	7	9	5	8	3
5	1	7	2	8	3	6	9	4

Puzzle 12 (Very hard, difficulty rating 0.79)

3	1	7	2	4	8	9	5	6
4	6	2	9	3	5	1	8	7
5	9	8	1	6	7	4	2	3
2	5	9	7	1	6	8	3	4
7	8	4	3	5	9	2	6	1
1	3	6	4	8	2	7	9	5
6	7	5	8	2	1	3	4	9
9	2	3	6	7	4	5	1	8
8	4	1	5	9	3	6	7	2

ANSWERS : VERY HARD

Puzzle 13 (Very hard, difficulty rating 0.75)

7	8	3	1	4	2	5	9	6
2	4	6	5	3	9	7	8	1
1	9	5	6	7	8	3	2	4
5	2	1	8	6	4	9	3	7
3	6	8	7	9	1	4	5	2
9	7	4	3	2	5	6	1	8
8	1	7	4	5	3	2	6	9
4	5	2	9	8	6	1	7	3
6	3	9	2	1	7	8	4	5

Puzzle 14 (Very hard, difficulty rating 0.81)

9	1	4	6	7	8	2	3	5
2	5	3	4	9	1	8	6	7
6	7	8	3	5	2	4	9	1
5	4	7	2	6	3	1	8	9
3	9	1	8	4	7	6	5	2
8	6	2	5	1	9	3	7	4
1	3	6	9	2	5	7	4	8
7	8	5	1	3	4	9	2	6
4	2	9	7	8	6	5	1	3

Puzzle 15 (Very hard, difficulty rating 0.75)

5	6	8	1	4	2	3	7	9
4	7	2	3	9	5	1	8	6
1	9	3	8	6	7	2	4	5
9	8	6	5	1	4	7	3	2
7	5	1	9	2	3	4	6	8
3	2	4	7	8	6	9	5	1
8	4	7	2	5	1	6	9	3
6	1	9	4	3	8	5	2	7
2	3	5	6	7	9	8	1	4

Puzzle 16 (Very hard, difficulty rating 0.81)

5	1	3	4	8	6	7	2	9
8	9	4	2	1	7	6	3	5
6	2	7	3	5	9	8	4	1
3	7	1	8	2	4	9	5	6
9	5	8	6	7	3	4	1	2
2	4	6	5	9	1	3	7	8
4	3	5	1	6	8	2	9	7
1	6	9	7	3	2	5	8	4
7	8	2	9	4	5	1	6	3

Puzzle 17 (Very hard, difficulty rating 0.90)

9	2	8	5	6	1	7	3	4
6	7	1	4	9	3	8	5	2
4	3	5	7	8	2	6	9	1
2	4	6	9	3	5	1	8	7
1	5	7	8	2	4	3	6	9
8	9	3	6	1	7	2	4	5
7	1	9	3	4	8	5	2	6
3	6	2	1	5	9	4	7	8
5	8	4	2	7	6	9	1	3

Puzzle 18 (Very hard, difficulty rating 0.76)

8	4	2	3	1	5	7	9	6
1	9	3	7	6	4	2	5	8
7	6	5	2	9	8	1	4	3
3	2	4	6	8	9	5	1	7
9	8	1	5	3	7	4	6	2
6	5	7	1	4	2	3	8	9
2	7	9	4	5	6	8	3	1
5	3	8	9	2	1	6	7	4
4	1	6	8	7	3	9	2	5

Puzzle 19 (Very hard, difficulty rating 0.83)

6	5	3	1	8	4	9	2	7
8	9	1	2	7	3	4	6	5
4	2	7	6	5	9	8	1	3
3	6	8	7	1	5	2	4	9
7	1	5	9	4	2	6	3	8
2	4	9	3	6	8	5	7	1
1	3	4	5	9	6	7	8	2
9	8	2	4	3	7	1	5	6
5	7	6	8	2	1	3	9	4

Puzzle 20 (Very hard, difficulty rating 0.83)

6	1	3	5	2	9	7	8	4
9	8	5	4	7	3	2	1	6
2	7	4	8	1	6	5	9	3
4	5	1	3	6	7	8	2	9
3	6	2	9	5	8	1	4	7
7	9	8	1	4	2	3	6	5
1	4	7	2	9	5	6	3	8
8	2	6	7	3	4	9	5	1
5	3	9	6	8	1	4	7	2

Puzzle 21 (Very hard, difficulty rating 0.77)

7	3	5	6	2	9	8	4	1
4	2	6	5	8	1	9	3	7
1	9	8	7	4	3	5	6	2
9	8	7	2	5	4	3	1	6
3	6	4	1	9	7	2	8	5
2	5	1	3	6	8	7	9	4
6	1	3	8	7	2	4	5	9
5	7	9	4	3	6	1	2	8
8	4	2	9	1	5	6	7	3

Puzzle 22 (Very hard, difficulty rating 0.83)

9	1	2	6	8	5	4	3	7
8	7	3	2	9	4	1	5	6
4	5	6	3	7	1	8	9	2
1	9	4	5	3	6	2	7	8
6	2	7	8	1	9	5	4	3
5	3	8	4	2	7	6	1	9
7	6	9	1	4	8	3	2	5
2	4	5	9	6	3	7	8	1
3	8	1	7	5	2	9	6	4

Puzzle 23 (Very hard, difficulty rating 0.86)

9	8	3	2	7	4	1	6	5
1	6	4	8	5	9	3	7	2
7	5	2	1	3	6	4	8	9
5	9	7	6	4	2	8	3	1
2	3	1	5	8	7	9	4	6
6	4	8	9	1	3	5	2	7
3	7	6	4	9	1	2	5	8
8	2	9	3	6	5	7	1	4
4	1	5	7	2	8	6	9	3

Puzzle 24 (Very hard, difficulty rating 0.80)

8	2	9	4	3	6	5	7	1
6	3	5	7	1	9	4	2	8
4	7	1	5	2	8	3	9	6
1	5	2	8	9	3	7	6	4
9	4	7	6	5	1	2	8	3
3	6	8	2	7	4	1	5	9
5	1	4	9	6	2	8	3	7
7	8	6	3	4	5	9	1	2
2	9	3	1	8	7	6	4	5

ANSWERS : VERY HARD

Puzzle 25 (Very hard, difficulty rating 0.79)

```
7 4 1 2 6 5 8 9 3
8 6 9 3 1 7 4 2 5
5 2 3 4 9 8 1 7 6
9 5 6 7 8 2 3 1 4
2 7 4 1 5 3 9 6 8
3 1 8 6 4 9 7 5 2
6 9 2 8 3 1 5 4 7
1 8 7 5 2 4 6 3 9
4 3 5 9 7 6 2 8 1
```

Puzzle 26 (Very hard, difficulty rating 0.77)

```
1 8 7 6 3 4 2 5 9
4 3 5 2 7 9 1 8 6
6 9 2 8 5 1 3 4 7
5 2 8 1 6 3 7 9 4
3 4 1 5 9 7 6 2 8
9 7 6 4 8 2 5 3 1
2 6 9 7 4 5 8 1 3
8 1 3 9 2 6 4 7 5
7 5 4 3 1 8 9 6 2
```

Puzzle 27 (Very hard, difficulty rating 0.85)

```
7 4 1 6 8 3 9 5 2
6 5 8 2 9 4 3 1 7
2 3 9 7 5 1 8 6 4
4 1 6 9 3 5 7 2 8
5 2 3 8 4 7 1 9 6
8 9 7 1 6 2 4 3 5
1 6 2 3 7 8 5 4 9
3 8 5 4 2 9 6 7 1
9 7 4 5 1 6 2 8 3
```

Puzzle 28 (Very hard, difficulty rating 0.80)

```
8 9 7 5 2 4 6 1 3
2 5 4 3 6 1 7 9 8
3 6 1 7 9 8 2 4 5
4 3 8 1 5 2 9 7 6
1 2 5 6 7 9 8 3 4
9 7 6 4 8 3 5 2 1
7 8 3 9 4 5 1 6 2
6 4 2 8 1 7 3 5 9
5 1 9 2 3 6 4 8 7
```

Puzzle 29 (Very hard, difficulty rating 0.78)

```
9 2 4 5 8 3 7 1 6
7 3 1 2 6 4 8 5 9
6 8 5 7 9 1 3 4 2
2 6 3 4 7 8 1 9 5
1 9 7 3 5 6 2 8 4
4 5 8 1 2 9 6 3 7
8 1 6 9 4 7 5 2 3
3 4 2 6 1 5 9 7 8
5 7 9 8 3 2 4 6 1
```

Puzzle 30 (Very hard, difficulty rating 0.80)

```
8 5 4 2 6 1 9 3 7
2 3 7 5 4 9 6 1 8
9 1 6 3 7 8 4 5 2
4 7 5 8 9 2 1 6 3
1 8 9 4 3 6 7 2 5
6 2 3 7 1 5 8 9 4
7 4 1 9 2 3 5 8 6
5 6 2 1 8 7 3 4 9
3 9 8 6 5 4 2 7 1
```

Puzzle 31 (Very hard, difficulty rating 0.85)

```
5 3 2 1 4 6 7 9 8
4 7 6 9 8 2 5 1 3
8 9 1 7 3 5 2 6 4
9 4 5 8 6 3 1 7 2
3 1 8 2 7 9 4 5 6
2 6 7 4 5 1 8 3 9
6 8 3 5 2 7 9 4 1
7 2 9 6 1 4 3 8 5
1 5 4 3 9 8 6 2 7
```

Puzzle 32 (Very hard, difficulty rating 0.91)

```
7 8 1 5 6 4 9 3 2
4 2 3 7 1 9 5 6 8
6 9 5 8 3 2 1 4 7
9 7 8 4 5 3 6 2 1
2 5 6 9 8 1 4 7 3
3 1 4 2 7 6 8 9 5
8 6 2 1 4 7 3 5 9
5 3 7 6 9 8 2 1 4
1 4 9 3 2 5 7 8 6
```

Puzzle 33 (Very hard, difficulty rating 0.83)

```
6 5 3 9 2 1 4 8 7
1 9 2 4 8 7 5 3 6
8 7 4 6 5 3 9 1 2
2 6 9 5 3 8 1 7 4
5 4 7 1 6 9 3 2 8
3 1 8 7 4 2 6 5 9
9 8 5 3 7 6 2 4 1
7 3 6 2 1 4 8 9 5
4 2 1 8 9 5 7 6 3
```

Puzzle 34 (Very hard, difficulty rating 0.82)

```
9 4 5 8 1 3 7 6 2
8 1 7 4 2 6 9 3 5
6 2 3 5 7 9 1 4 8
1 5 9 3 6 7 2 8 4
7 3 6 2 8 4 5 1 9
2 8 4 9 5 1 3 7 6
4 9 8 1 3 5 6 2 7
5 6 1 7 4 2 8 9 3
3 7 2 6 9 8 4 5 1
```

Puzzle 35 (Very hard, difficulty rating 0.79)

```
8 4 2 9 1 3 7 6 5
5 6 3 8 7 4 1 9 2
1 7 9 2 5 6 3 4 8
3 5 6 7 2 1 4 8 9
2 8 1 4 6 9 5 3 7
4 9 7 5 3 8 6 2 1
6 3 8 1 9 5 2 7 4
9 2 5 3 4 7 8 1 6
7 1 4 6 8 2 9 5 3
```

Puzzle 36 (Very hard, difficulty rating 0.78)

```
3 9 7 8 1 6 2 5 4
8 4 1 2 5 7 3 9 6
2 6 5 9 3 4 7 1 8
5 3 8 6 9 2 1 4 7
4 7 9 5 8 1 6 3 2
1 2 6 4 7 3 5 8 9
7 5 4 3 6 9 8 2 1
6 8 2 1 4 5 9 7 3
9 1 3 7 2 8 4 6 5
```

ANSWERS : VERY HARD

Puzzle 37 (Very hard, difficulty rating 0.83)

5	2	8	1	3	4	7	6	9
6	7	4	9	5	2	8	3	1
1	9	3	8	7	6	4	5	2
2	1	6	3	9	8	5	7	4
9	3	5	4	1	7	6	2	8
8	4	7	6	2	5	9	1	3
7	5	9	2	4	1	3	8	6
4	6	2	7	8	3	1	9	5
3	8	1	5	6	9	2	4	7

Puzzle 38 (Very hard, difficulty rating 0.93)

2	3	4	6	8	7	5	1	9
6	1	8	5	9	3	4	7	2
5	7	9	1	2	4	6	3	8
4	6	3	8	7	2	9	5	1
9	8	5	3	6	1	2	4	7
1	2	7	4	5	9	3	8	6
8	5	2	7	3	6	1	9	4
7	9	1	2	4	5	8	6	3
3	4	6	9	1	8	7	2	5

Puzzle 39 (Very hard, difficulty rating 0.84)

1	7	2	9	5	3	4	6	8
4	9	3	6	8	2	5	1	7
5	8	6	1	7	4	2	3	9
6	1	7	3	4	8	9	5	2
9	5	4	2	6	7	1	8	3
2	3	8	5	9	1	6	7	4
7	2	1	4	3	6	8	9	5
3	6	9	8	2	5	7	4	1
8	4	5	7	1	9	3	2	6

Puzzle 40 (Very hard, difficulty rating 0.84)

9	2	1	4	5	7	3	8	6
5	3	6	8	2	1	4	7	9
7	4	8	3	6	9	2	5	1
8	5	4	1	7	2	6	9	3
1	6	9	5	8	3	7	4	2
2	7	3	6	9	4	5	1	8
4	1	5	2	3	8	9	6	7
3	8	7	9	4	6	1	2	5
6	9	2	7	1	5	8	3	4

Puzzle 41 (Very hard, difficulty rating 0.93)

2	4	1	8	6	7	5	3	9
9	3	6	2	1	5	4	8	7
7	5	8	9	3	4	2	1	6
1	7	4	6	9	8	3	5	2
5	2	9	3	7	1	8	6	4
8	6	3	4	5	2	9	7	1
6	1	2	5	4	3	7	9	8
4	9	5	7	8	6	1	2	3
3	8	7	1	2	9	6	4	5

Puzzle 42 (Very hard, difficulty rating 0.77)

5	2	3	1	6	9	7	8	4
9	4	7	2	3	8	1	5	6
1	8	6	4	5	7	2	9	3
8	5	9	6	1	4	3	2	7
2	3	1	7	8	5	4	6	9
7	6	4	9	2	3	5	1	8
3	1	2	8	4	6	9	7	5
6	9	5	3	7	2	8	4	1
4	7	8	5	9	1	6	3	2

Puzzle 43 (Very hard, difficulty rating 0.79)

6	9	1	4	8	7	2	3	5
3	5	4	2	1	6	7	8	9
2	8	7	9	5	3	6	1	4
1	2	9	6	4	5	8	7	3
4	6	8	3	7	9	1	5	2
7	3	5	8	2	1	4	9	6
9	4	6	7	3	8	5	2	1
8	1	2	5	9	4	3	6	7
5	7	3	1	6	2	9	4	8

Puzzle 44 (Very hard, difficulty rating 0.83)

3	6	4	5	1	2	8	9	7
5	8	7	9	6	4	1	3	2
9	2	1	8	7	3	5	4	6
6	4	8	2	3	1	9	7	5
2	7	5	6	9	8	4	1	3
1	3	9	4	5	7	2	6	8
7	5	3	1	2	9	6	8	4
8	1	2	3	4	6	7	5	9
4	9	6	7	8	5	3	2	1

Puzzle 45 (Very hard, difficulty rating 0.79)

5	1	6	9	4	2	3	8	7
7	8	3	6	1	5	9	4	2
9	2	4	7	3	8	6	5	1
2	4	1	3	6	9	8	7	5
3	7	8	2	5	4	1	9	6
6	5	9	8	7	1	4	2	3
4	9	5	1	2	3	7	6	8
8	3	7	5	9	6	2	1	4
1	6	2	4	8	7	5	3	9

Puzzle 46 (Very hard, difficulty rating 0.84)

7	6	5	8	9	4	2	3	1
1	2	3	7	5	6	4	9	8
8	4	9	1	3	2	7	6	5
9	1	8	2	6	7	5	4	3
6	7	4	3	8	5	1	2	9
5	3	2	9	4	1	8	7	6
3	9	7	5	2	8	6	1	4
2	5	6	4	1	3	9	8	7
4	8	1	6	7	9	3	5	2

Puzzle 47 (Very hard, difficulty rating 0.89)

8	4	2	7	6	5	3	1	9
3	9	5	4	1	2	7	8	6
6	1	7	9	3	8	2	4	5
7	8	1	5	9	6	4	2	3
9	6	3	2	7	4	8	5	1
5	2	4	3	8	1	6	9	7
1	3	9	8	4	7	5	6	2
4	5	6	1	2	3	9	7	8
2	7	8	6	5	9	1	3	4

Puzzle 48 (Very hard, difficulty rating 0.77)

4	2	8	7	9	5	3	1	6
9	7	6	1	3	2	5	4	8
3	1	5	8	6	4	9	7	2
1	8	4	2	7	3	6	5	9
2	3	9	5	4	6	1	8	7
6	5	7	9	1	8	2	3	4
7	9	2	3	8	1	4	6	5
5	6	1	4	2	7	8	9	3
8	4	3	6	5	9	7	2	1

ANSWERS : BONUS ROUND

Puzzle 1 (Medium, difficulty rating 0.45)

9	4	2	3	5	7	8	6	1
7	1	6	4	8	9	2	3	5
3	8	5	1	6	2	7	9	4
6	5	7	8	9	4	3	1	2
1	9	3	7	2	6	4	5	8
8	2	4	5	1	3	6	7	9
2	7	1	6	4	5	9	8	3
5	3	9	2	7	8	1	4	6
4	6	8	9	3	1	5	2	7

Puzzle 2 (Easy, difficulty rating 0.40)

1	8	5	3	4	2	6	7	9
3	4	7	6	9	1	5	2	8
2	6	9	5	7	8	3	1	4
6	7	4	2	3	9	1	8	5
5	1	8	4	6	7	2	9	3
9	3	2	1	8	5	4	6	7
4	9	6	7	2	3	8	5	1
7	5	3	8	1	6	9	4	2
8	2	1	9	5	4	7	3	6

Puzzle 3 (Medium, difficulty rating 0.46)

2	5	1	9	3	6	7	4	8
7	3	4	5	1	8	6	9	2
8	6	9	4	2	7	3	1	5
4	1	3	7	9	5	8	2	6
6	2	5	8	4	1	9	3	7
9	8	7	2	6	3	4	5	1
3	7	2	6	5	9	1	8	4
5	9	8	1	7	4	2	6	3
1	4	6	3	8	2	5	7	9

Puzzle 4 (Medium, difficulty rating 0.51)

6	3	8	5	7	9	4	1	2
2	9	7	4	6	1	5	8	3
4	5	1	2	8	3	9	7	6
1	6	5	7	2	8	3	4	9
9	8	4	1	3	5	6	2	7
7	2	3	6	9	4	1	5	8
3	4	9	8	5	2	7	6	1
5	7	2	9	1	6	8	3	4
8	1	6	3	4	7	2	9	5

Puzzle 5 (Easy, difficulty rating 0.41)

7	9	4	1	3	2	6	8	5
3	5	8	7	9	6	1	4	2
6	1	2	4	8	5	3	7	9
2	6	7	9	4	3	5	1	8
9	8	1	2	5	7	4	3	6
4	3	5	6	1	8	2	9	7
8	7	3	5	6	4	9	2	1
5	2	9	3	7	1	8	6	4
1	4	6	8	2	9	7	5	3

Puzzle 6 (Easy, difficulty rating 0.41)

1	2	6	3	8	5	9	7	4
8	4	9	2	7	1	5	3	6
7	3	5	4	9	6	1	8	2
5	1	4	9	6	7	3	2	8
6	8	2	5	1	3	4	9	7
3	9	7	8	4	2	6	5	1
9	5	1	6	2	8	7	4	3
2	7	3	1	5	4	8	6	9
4	6	8	7	3	9	2	1	5

Puzzle 7 (Medium, difficulty rating 0.53)

1	5	4	9	8	6	7	3	2
7	8	6	1	3	2	4	9	5
2	3	9	7	4	5	1	6	8
6	2	3	4	9	7	8	5	1
8	4	5	2	1	3	9	7	6
9	1	7	6	5	8	2	4	3
5	7	1	3	2	4	6	8	9
3	6	2	8	7	9	5	1	4
4	9	8	5	6	1	3	2	7

Puzzle 8 (Medium, difficulty rating 0.58)

9	3	2	1	6	5	4	8	7
7	1	4	8	3	9	2	5	6
5	8	6	7	2	4	9	3	1
1	2	7	6	4	8	5	9	3
3	5	9	2	7	1	6	4	8
6	4	8	9	5	3	7	1	2
2	9	1	4	8	7	3	6	5
8	7	3	5	9	6	1	2	4
4	6	5	3	1	2	8	7	9

Puzzle 9 (Easy, difficulty rating 0.44)

4	5	9	8	2	3	7	1	6
8	1	3	7	6	4	2	9	5
7	2	6	9	1	5	4	8	3
9	6	1	2	3	7	5	4	8
2	8	5	4	9	6	3	7	1
3	4	7	1	5	8	6	2	9
1	3	8	6	4	2	9	5	7
6	9	4	5	7	1	8	3	2
5	7	2	3	8	9	1	6	4

Puzzle 10 (Easy, difficulty rating 0.39)

8	2	1	5	6	9	4	3	7
4	9	6	3	7	8	1	5	2
5	7	3	2	4	1	9	8	6
1	6	4	9	5	2	3	7	8
7	5	9	4	8	3	2	6	1
2	3	8	6	1	7	5	4	9
6	4	2	8	9	5	7	1	3
3	8	7	1	2	4	6	9	5
9	1	5	7	3	6	8	2	4

Puzzle 11 (Medium, difficulty rating 0.55)

5	9	6	2	4	1	8	3	7
8	3	2	9	6	7	4	5	1
7	1	4	5	3	8	9	2	6
1	5	7	4	2	9	3	6	8
3	4	9	8	5	6	1	7	2
2	6	8	1	7	3	5	4	9
4	7	1	3	8	2	6	9	5
9	2	3	6	1	5	7	8	4
6	8	5	7	9	4	2	1	3

Puzzle 12 (Medium, difficulty rating 0.51)

8	9	1	2	7	3	5	6	4
6	2	5	4	9	8	7	1	3
7	4	3	5	6	1	9	8	2
1	8	6	3	5	4	2	9	7
4	3	7	9	1	2	6	5	8
9	5	2	6	8	7	3	4	1
3	6	4	8	2	9	1	7	5
5	1	8	7	3	6	4	2	9
2	7	9	1	4	5	8	3	6

ANSWERS : BONUS ROUND

Puzzle 13 (Easy, difficulty rating 0.31)

1	7	9	8	4	3	6	2	5
2	5	4	6	1	9	3	8	7
3	8	6	2	7	5	4	1	9
4	6	3	9	2	8	7	5	1
8	2	1	5	3	7	9	6	4
5	9	7	4	6	1	8	3	2
9	4	5	1	8	6	2	7	3
7	1	8	3	9	2	5	4	6
6	3	2	7	5	4	1	9	8

Puzzle 14 (Easy, difficulty rating 0.44)

5	1	6	4	8	7	3	9	2
7	8	2	1	3	9	4	6	5
9	4	3	2	6	5	7	1	8
3	9	1	8	5	4	2	7	6
6	7	8	3	9	2	5	4	1
4	2	5	7	1	6	9	8	3
1	5	4	9	2	8	6	3	7
2	3	7	6	4	1	8	5	9
8	6	9	5	7	3	1	2	4

Puzzle 15 (Hard, difficulty rating 0.61)

5	2	8	9	1	4	7	6	3
1	4	6	3	7	8	5	9	2
9	3	7	2	5	6	8	1	4
8	7	2	4	9	1	6	3	5
3	5	4	6	8	2	1	7	9
6	9	1	7	3	5	4	2	8
7	6	3	5	4	9	2	8	1
2	1	5	8	6	3	9	4	7
4	8	9	1	2	7	3	5	6

Puzzle 16 (Easy, difficulty rating 0.34)

6	7	8	9	4	5	1	2	3
4	3	9	8	1	2	5	7	6
1	5	2	6	7	3	8	9	4
8	9	7	1	2	4	3	6	5
3	6	1	7	5	9	4	8	2
5	2	4	3	6	8	9	1	7
9	8	6	5	3	7	2	4	1
7	4	5	2	8	1	6	3	9
2	1	3	4	9	6	7	5	8

Puzzle 17 (Easy, difficulty rating 0.43)

1	4	6	8	3	9	2	7	5
3	7	5	4	2	6	9	8	1
8	2	9	1	7	5	4	3	6
9	6	2	5	4	8	3	1	7
4	8	3	9	1	7	5	6	2
5	1	7	3	6	2	8	9	4
2	5	1	7	9	3	6	4	8
6	9	4	2	8	1	7	5	3
7	3	8	6	5	4	1	2	9

Puzzle 18 (Hard, difficulty rating 0.62)

9	1	7	4	2	5	8	6	3
6	5	8	3	1	9	4	7	2
2	4	3	7	6	8	1	9	5
4	9	5	2	8	1	6	3	7
1	3	2	9	7	6	5	8	4
8	7	6	5	3	4	2	1	9
5	8	9	1	4	7	3	2	6
7	2	1	6	5	3	9	4	8
3	6	4	8	9	2	7	5	1

Puzzle 19 (Easy, difficulty rating 0.41)

3	8	9	2	1	7	6	5	4
1	7	5	8	6	4	2	9	3
4	2	6	5	9	3	1	8	7
5	1	4	3	8	9	7	2	6
2	9	3	7	5	6	8	4	1
7	6	8	4	2	1	9	3	5
8	3	2	6	7	5	4	1	9
9	4	7	1	3	2	5	6	8
6	5	1	9	4	8	3	7	2

Puzzle 20 (Medium, difficulty rating 0.47)

2	8	7	1	9	5	6	3	4
5	9	3	2	6	4	1	8	7
4	6	1	8	7	3	5	2	9
7	4	6	9	2	1	8	5	3
8	3	2	5	4	7	9	6	1
1	5	9	6	3	8	7	4	2
9	2	5	4	1	6	3	7	8
3	1	8	7	5	2	4	9	6
6	7	4	3	8	9	2	1	5

Puzzle 21 (Hard, difficulty rating 0.63)

2	5	7	1	9	6	3	8	4
9	4	8	3	5	2	7	1	6
1	6	3	7	4	8	5	2	9
4	2	6	8	3	1	9	5	7
3	8	9	6	7	5	2	4	1
5	7	1	9	2	4	8	6	3
7	1	2	5	6	3	4	9	8
6	3	5	4	8	9	1	7	2
8	9	4	2	1	7	6	3	5

Puzzle 22 (Medium, difficulty rating 0.54)

6	2	8	1	9	4	7	5	3
5	4	1	6	7	3	2	8	9
7	3	9	8	2	5	4	1	6
2	6	3	5	1	7	9	4	8
8	9	5	4	3	6	1	2	7
1	7	4	9	8	2	3	6	5
4	8	2	3	5	9	6	7	1
9	5	7	2	6	1	8	3	4
3	1	6	7	4	8	5	9	2

Puzzle 23 (Medium, difficulty rating 0.45)

5	7	9	6	2	4	8	3	1
3	1	4	8	9	7	6	5	2
8	2	6	1	5	3	4	7	9
2	3	8	9	4	5	7	1	6
1	9	7	2	6	8	5	4	3
6	4	5	3	7	1	9	2	8
4	8	2	7	3	9	1	6	5
9	5	3	4	1	6	2	8	7
7	6	1	5	8	2	3	9	4

Puzzle 24 (Hard, difficulty rating 0.67)

8	4	6	1	7	2	5	9	3
3	7	9	5	6	8	2	1	4
5	2	1	3	4	9	7	8	6
4	9	3	7	1	5	6	2	8
1	6	7	8	2	4	3	5	9
2	8	5	9	3	6	4	7	1
9	5	2	4	8	3	1	6	7
7	3	8	6	5	1	9	4	2
6	1	4	2	9	7	8	3	5

ANSWERS : BONUS ROUND

Puzzle 25 (Medium, difficulty rating 0.48)

4	7	6	3	1	9	5	2	8
3	8	5	4	6	2	1	9	7
1	2	9	8	5	7	4	3	6
9	5	8	6	3	1	2	7	4
6	3	4	7	2	5	8	1	9
7	1	2	9	8	4	6	5	3
5	6	7	2	4	3	9	8	1
2	4	3	1	9	8	7	6	5
8	9	1	5	7	6	3	4	2

Puzzle 26 (Very hard, difficulty rating 0.83)

6	5	3	7	4	1	9	2	8
1	4	9	2	8	3	5	6	7
7	8	2	5	6	9	1	3	4
2	9	5	6	1	4	8	7	3
8	3	1	9	7	2	4	5	6
4	6	7	3	5	8	2	9	1
5	7	8	1	9	6	3	4	2
9	2	4	8	3	7	6	1	5
3	1	6	4	2	5	7	8	9

Puzzle 27 (Easy, difficulty rating 0.30)

8	3	1	4	6	5	9	2	7
6	5	2	7	8	9	1	4	3
9	4	7	1	2	3	6	8	5
4	2	8	3	9	1	5	7	6
7	1	6	2	5	8	3	9	4
3	9	5	6	7	4	8	1	2
5	8	3	9	4	7	2	6	1
2	7	9	5	1	6	4	3	8
1	6	4	8	3	2	7	5	9

Puzzle 28 (Easy, difficulty rating 0.45)

5	7	2	4	1	8	3	9	6
8	3	9	5	2	6	7	1	4
4	1	6	9	7	3	8	2	5
6	2	8	1	5	9	4	7	3
9	4	3	7	8	2	5	6	1
1	5	7	3	6	4	2	8	9
3	6	4	2	9	7	1	5	8
7	9	1	8	4	5	6	3	2
2	8	5	6	3	1	9	4	7

Puzzle 29 (Medium, difficulty rating 0.53)

8	3	6	1	2	9	7	5	4
7	1	9	8	4	5	3	6	2
4	5	2	6	3	7	1	9	8
6	8	1	2	7	3	9	4	5
5	2	7	4	9	8	6	3	1
9	4	3	5	6	1	8	2	7
2	7	8	9	5	6	4	1	3
3	9	4	7	1	2	5	8	6
1	6	5	3	8	4	2	7	9

Puzzle 30 (Very hard, difficulty rating 0.86)

1	8	3	6	2	9	4	5	7
4	6	7	1	5	3	2	8	9
2	5	9	4	8	7	6	1	3
8	3	2	9	1	4	7	6	5
6	9	1	5	7	2	3	4	8
5	7	4	8	3	6	9	2	1
3	4	5	2	9	8	1	7	6
9	2	8	7	6	1	5	3	4
7	1	6	3	4	5	8	9	2

Puzzle 31 (Easy, difficulty rating 0.41)

2	8	3	1	4	9	6	7	5
9	1	5	6	7	3	8	2	4
7	6	4	5	2	8	3	9	1
5	3	2	7	8	6	1	4	9
4	7	1	3	9	2	5	6	8
8	9	6	4	5	1	7	3	2
6	2	9	8	3	5	4	1	7
3	5	7	2	1	4	9	8	6
1	4	8	9	6	7	2	5	3

Puzzle 32 (Medium, difficulty rating 0.47)

7	6	5	3	1	4	8	2	9
3	4	2	8	9	6	1	5	7
9	1	8	7	5	2	6	3	4
4	7	3	6	8	1	5	9	2
6	5	9	4	2	7	3	8	1
2	8	1	9	3	5	4	7	6
5	2	4	1	7	3	9	6	8
8	3	6	2	4	9	7	1	5
1	9	7	5	6	8	2	4	3

Puzzle 33 (Medium, difficulty rating 0.55)

9	1	6	7	3	5	8	2	4
8	5	4	9	2	1	3	6	7
3	2	7	6	8	4	5	1	9
2	9	5	3	6	7	1	4	8
4	8	1	5	9	2	6	7	3
7	6	3	1	4	8	2	9	5
1	7	8	2	5	9	4	3	6
6	4	2	8	7	3	9	5	1
5	3	9	4	1	6	7	8	2

Puzzle 34 (Easy, difficulty rating 0.39)

4	6	7	5	3	2	1	8	9
9	1	2	6	7	8	4	3	5
8	5	3	9	4	1	7	2	6
2	9	4	1	5	7	3	6	8
1	3	6	4	8	9	5	7	2
7	8	5	2	6	3	9	1	4
5	7	9	3	2	6	8	4	1
3	2	1	8	9	4	6	5	7
6	4	8	7	1	5	2	9	3

Puzzle 35 (Very hard, difficulty rating 0.75)

2	8	1	9	7	4	5	6	3
9	5	7	1	6	3	2	8	4
6	3	4	8	2	5	1	7	9
1	7	3	6	8	2	9	4	5
5	2	8	4	1	9	6	3	7
4	6	9	3	5	7	8	2	1
3	4	6	5	9	8	7	1	2
8	9	2	7	3	1	4	5	6
7	1	5	2	4	6	3	9	8

Puzzle 36 (Easy, difficulty rating 0.43)

8	7	9	1	2	4	6	5	3
2	1	3	7	5	6	4	8	9
6	4	5	9	3	8	1	7	2
9	6	1	8	7	3	2	4	5
5	2	4	6	1	9	7	3	8
7	3	8	2	4	5	9	1	6
3	5	2	4	6	1	8	9	7
4	8	7	3	9	2	5	6	1
1	9	6	5	8	7	3	2	4

ANSWERS : BONUS ROUND

Puzzle 37 (Medium, difficulty rating 0.51)

8	9	2	4	6	5	7	3	1
5	3	6	1	7	2	4	8	9
1	7	4	9	8	3	6	2	5
7	2	9	8	5	4	3	1	6
4	6	1	3	2	9	8	5	7
3	8	5	7	1	6	9	4	2
6	1	8	5	4	7	2	9	3
2	4	3	6	9	1	5	7	8
9	5	7	2	3	8	1	6	4

Puzzle 38 (Easy, difficulty rating 0.45)

6	8	7	3	4	2	1	5	9
2	9	4	1	5	8	7	6	3
1	3	5	9	7	6	2	8	4
4	1	9	7	6	5	8	3	2
7	6	3	8	2	1	9	4	5
5	2	8	4	9	3	6	1	7
3	5	6	2	8	9	4	7	1
8	7	2	5	1	4	3	9	6
9	4	1	6	3	7	5	2	8

Puzzle 39 (Medium, difficulty rating 0.54)

3	2	9	5	6	1	8	7	4
6	1	7	8	2	4	5	3	9
4	5	8	3	9	7	1	2	6
1	7	4	2	3	6	9	5	8
8	6	5	7	1	9	2	4	3
2	9	3	4	5	8	7	6	1
5	8	2	9	4	3	6	1	7
9	3	1	6	7	5	4	8	2
7	4	6	1	8	2	3	9	5

Puzzle 40 (Easy, difficulty rating 0.38)

5	4	9	8	7	2	3	6	1
7	8	6	9	1	3	2	5	4
2	3	1	5	6	4	7	8	9
8	2	5	3	9	7	4	1	6
9	6	7	1	4	5	8	2	3
3	1	4	6	2	8	9	7	5
4	9	8	2	5	1	6	3	7
6	5	3	7	8	9	1	4	2
1	7	2	4	3	6	5	9	8

Puzzle 41 (Medium, difficulty rating 0.47)

7	2	8	5	1	4	3	9	6
9	4	1	8	3	6	2	5	7
6	5	3	2	7	9	1	8	4
3	6	9	1	8	7	4	2	5
4	1	5	3	6	2	8	7	9
8	7	2	9	4	5	6	3	1
5	9	4	6	2	8	7	1	3
2	3	7	4	5	1	9	6	8
1	8	6	7	9	3	5	4	2

Puzzle 42 (Medium, difficulty rating 0.53)

1	8	4	9	3	6	7	5	2
2	3	7	5	4	1	9	8	6
5	6	9	7	2	8	4	1	3
6	2	1	3	9	5	8	7	4
7	5	8	2	6	4	1	3	9
9	4	3	8	1	7	2	6	5
3	1	2	6	7	9	5	4	8
8	7	6	4	5	2	3	9	1
4	9	5	1	8	3	6	2	7

Puzzle 43 (Very hard, difficulty rating 0.80)

7	5	9	4	6	8	2	1	3
3	8	4	9	1	2	7	6	5
6	1	2	7	3	5	4	9	8
2	4	3	6	9	1	8	5	7
9	7	1	5	8	4	3	2	6
5	6	8	3	2	7	9	4	1
1	9	7	8	4	6	5	3	2
4	2	5	1	7	3	6	8	9
8	3	6	2	5	9	1	7	4

Puzzle 44 (Medium, difficulty rating 0.49)

5	2	1	6	9	7	3	4	8
7	6	3	4	8	2	9	1	5
4	9	8	3	5	1	7	2	6
2	1	5	7	4	3	6	8	9
6	4	7	9	2	8	5	3	1
3	8	9	1	6	5	4	7	2
8	3	2	5	7	9	1	6	4
1	5	6	8	3	4	2	9	7
9	7	4	2	1	6	8	5	3

Puzzle 45 (Medium, difficulty rating 0.50)

2	4	9	1	6	3	5	8	7
3	8	6	7	5	2	4	1	9
5	1	7	8	4	9	2	6	3
6	5	8	9	2	1	3	7	4
9	7	3	6	8	4	1	5	2
1	2	4	5	3	7	6	9	8
8	3	5	4	7	6	9	2	1
4	6	1	2	9	8	7	3	5
7	9	2	3	1	5	8	4	6

Puzzle 46 (Medium, difficulty rating 0.48)

1	8	5	7	9	6	2	4	3
7	2	9	8	4	3	6	1	5
6	4	3	1	2	5	7	8	9
2	3	4	5	6	7	1	9	8
5	9	7	4	1	8	3	2	6
8	1	6	2	3	9	4	5	7
9	5	1	6	7	4	8	3	2
3	6	2	9	8	1	5	7	4
4	7	8	3	5	2	9	6	1

Puzzle 47 (Medium, difficulty rating 0.52)

3	5	2	4	7	1	9	6	8
7	4	9	6	5	8	1	2	3
1	6	8	3	9	2	4	7	5
8	9	7	1	2	5	3	4	6
4	2	3	7	6	9	5	8	1
6	1	5	8	4	3	7	9	2
2	7	4	5	1	6	8	3	9
9	3	1	2	8	7	6	5	4
5	8	6	9	3	4	2	1	7

Puzzle 48 (Easy, difficulty rating 0.42)

4	6	9	7	5	3	2	8	1
3	2	5	1	8	9	6	7	4
1	7	8	2	4	6	5	9	3
6	8	2	4	1	7	3	5	9
9	1	4	5	3	2	8	6	7
7	5	3	9	6	8	4	1	2
2	3	6	8	7	1	9	4	5
8	4	1	3	9	5	7	2	6
5	9	7	6	2	4	1	3	8

THE BUMPER BOOK OF SUDOKU
VOLUME 1

www.goldpuzzles.com

© Copyright 2020 Gold Puzzles

www.ingramcontent.com/pod-product-compliance
Lightning Source LLC
Chambersburg PA
CBHW070438220526
45466CB00004B/1727